U0176152

国家自然科学基金项目(51874014,52004015,52311530070,51504015)
中央高校基本科研业务费项目(FRF-IDRY-20-003,QNXM20210001)

人工地层冻结法冻结管断裂风险监测预警理论与实践

王　涛　刘力源　著

中国矿业大学出版社

·徐州·

内 容 简 介

深厚表土层冻结法凿井中,冻结管的安全性是冻结工程成败的关键因素之一,而冻结管的安全监测及断裂预警问题却未能引起足够重视。试验表明:低碳钢材料在受力变形过程中,不同应力阶段会有不同强度的声发射信号出现,相应声发射信号特征参数也存在显著变化。本书基于声发射检测技术,设计低温冻结管及其接头的力学性能和声发射性能试验,获取并分析冻结管弹性变形、塑性变形、临界破裂等不同受力、变形阶段声发射信号的频率分布以及不同频段信号随力学过程的变化趋势。同时对盐水流动噪声及盐水泄漏时的声信号进行检测和识别。重点研究冻结管变形断裂及其前后状态下声发射信号的变化,建立冻结管变形过程及断裂临界状态的声发射判据,为通过声发射监测信息的动态分析来实现冻结管变形力学过程的识别及断裂预警提供依据。

本书可供高等院校岩土工程、矿业工程、地质工程等专业的师生和工程技术人员参考和使用。

图书在版编目(C I P)数据

人工地层冻结法冻结管断裂风险监测预警理论与实践/

王涛,刘力源著. —徐州:中国矿业大学出版社,

2024.3

ISBN 978 - 7 - 5646 - 6196 - 0

Ⅰ. ①人… Ⅱ. ①王… ②刘… Ⅲ. ①冻结法(凿井)

—冻结法施工—风险管理—研究 Ⅳ. ①TD265.3

中国国家版本馆 CIP 数据核字(2024)第 063190 号

书 名	人工地层冻结法冻结管断裂风险监测预警理论与实践
著 者	王 涛 刘力源
责任编辑	杨 洋 满建康
出版发行	中国矿业大学出版社有限责任公司
	(江苏省徐州市解放南路 邮编221008)
营销热线	(0516)83885370 83884103
出版服务	(0516)83995789 83884920
网 址	http://www.cumtp.com E-mail:cumtpvip@cumtp.com
印 刷	苏州市古得堡数码印刷有限公司
开 本	787 mm×1092 mm 1/16 印张 8.75 字数 162 千字
版次印次	2024 年 3 月第 1 版 2024 年 3 月第 1 次印刷
定 价	52.00 元

(图书出现印装质量问题,本社负责调换)

前　言

　　人工地层冻结法(简称冻结法),是利用人工制冷技术降低地层温度,把天然土变成冻土,以便在冻结壁的保护下进行地下工程施工的特殊施工技术。因为围护结构在复杂和特殊地层施工中具有很大的优越性,在铁路隧道、公路隧道、海底隧道以及各种地下洞室的施工中得到了广泛的应用。随着冻结深度的增加,对冻结壁的厚度、强度、温度等要求随之提高,深部地层中各种复杂的因素也会大幅度增加冻结管的断管风险。面对上述问题,学者们通过改良冻结管管材性能和接头焊接工艺,使得冻结法凿井冻结管断管现象得到有效控制,但是对此类型接头的受载变形特征、力学性能、破坏方式等还未有深入的研究。本书建立了冻结管及接头受载力学试验系统,模拟不同工况下的冻结管受力条件,并依托声发射技术研究低温条件下冻结管力学性能及冻结管受载过程中的声发射信号特征。建立了冻结管断裂监测预警系统与方法,应用声发射监测与定位分析技术服务于深井冻结工程中的冻结管安全监测,总结了冻结管断裂的动态、实时、定位观测的声发射监测和冻结管断裂临界状态的声发射判据和识别特征。本书主要研究内容如下:

　　(1)建立了冻结管断裂危险动态监测预警系统,并将监测系统应用于某井筒冻结工程,检验声发射监测冻结管断裂技术的可靠性,验证试验所得声发射信号频谱特征在施工现场的准确度。

　　(2)基于声发射检测技术,设计了低温冻结管及其接头的力学性能和声发射性能试验,模拟不同工况下的冻结管受力条件,获取并分析了冻结管弹性变形、塑性变形、临界破裂等不同受力、变形阶段声发射信号的频率分布以及不同频段信号随力学过程的变化趋势,同时对盐水流动噪声及盐水泄漏时的声信号进行检测和识别。重点研究了冻结管变形断裂及其前后状态下声发射信号的变化,建立冻结管变形过程及断裂临界状态的声发射判据,为通过声发射监测信息的动态分析来实现冻结管变形力学过程的识别及断裂预警提供依据。

　　(3)通过冻结管及接头受载力学试验,获得冻结管常温、低温力学与变形性能。为防止低温盐水流动与管壁摩擦形成的噪声干扰对冻结管断裂关键信号的识别,进行了盐水噪声检测试验。通过多个声发射信号特征及其相互之间的模式匹配,对所检测的声发射信号进行特征参数的耦合提取与对比分析,识别与盐水流动、泄漏等状态相对应的声发射模式。同时通过室温和低温的断铅试验验证了声发射测试系统的稳定性。

(4)通过冻结管弯拉试验,分析拉应力、压应力对冻结管结构的变形的影响程度,以及冻结管连接形式对冻结管变形能力的影响。结合低轴力大变形冻结管试验、高轴力冻结管拉弯试验以及预切缝冻结管断裂试验,分析总结了冻结管受载变形过程中声发射信号特征。

(5)利用搭建的冻结管断裂动态监测硬件系统在冻结施工现场正开展冻结施工条件下声学噪声环境测试与分析工作。通过对爆破施工期间冻结管上采集的声发射信号分析,获得了爆破震动信号特征。通过井下冻结管附近的爆破施工、冻结管人为风镐振动等方式,测试了声发射信号在冻结管中长距离传播规律。

著　者

2023 年 8 月

目　　录

1 绪 论

1.1 冻结法概述

人工地层冻结法(简称冻结法)始于 19 世纪,是利用人工制冷技术降低地层温度,使地层中的水冻结,将天然土变成冻土,提高其强度和稳定性,隔绝地下水与地下工程的联系,以便在冻结壁的保护下进行地下工程施工的特殊施工技术。冻结法广泛应用于煤矿井筒施工中,是解决淤泥、流沙等不稳定含水表土和基岩裂隙含水段的可靠施工方法。其实质是利用人工制冷临时改变岩土性质以固结地层。

人工冻结的应用和研究是以天然冻结条件下冻土的物理力学性质研究为基础,随着人工冻结凿井逐步发展起来的。英国工程师南威尔士 1862 年在建筑基础施工中首次使用人工冻结技术加固地层。1883 年德国工程师 P. H. Poetsch 提出人工地层冻结(artificially ground freezing method)原理,成功应用于阿尔里德九号井凿井工程,并申请获得冻结凿井技术专利。我国自 1955 年在波兰专家的帮助下采用冻结法建立了开滦林西矿风井以来,冻结法凿井在我国广泛推广。随着人工制冷技术的发展以及冻土热力学、力学研究的不断深入,冻结施工技术工艺日益完善,冻结法在德国、比利时、英国、波兰、苏联、法国、加拿大、南非、中国等国家得到了广泛应用。

冻结使土体的物理力学性质发生了突变,主要表现在:

(1) 内聚力增大,强度提高;

(2) 土中水结成冰,使原来松散含水土体成为不透水土体;

(3) 压缩量明显减小;

(4) 体积增大。

不透水和较高承载力正是土工工程所需要的,是对工程有利的,这种性质的改变使得人工冻土成为一种临时的承载结构,在这个临时承载结构的保护下,可以顺利完成岩土体工程的施工,因而人工冻结地层技术成为地下工程施工的一种重要方法。

采用冻结法围护结构在复杂和特殊地层中施工具有很大的优越性：

（1）适应性强。其适用于对各种复杂地质及水文地质条件下的任何含水地层的土层进行加固，并且基本不受结构形式、平面尺寸和深度的影响。

（2）冻结加固土体均匀，整体性好。冻结加固体的形状、大小可以根据需要灵活设计，可以把设计的土体全部冻成冻土，形成地下工程施工帷幕。土层注浆和深层搅拌桩，只是对土体局部加固，加固范围不易控制，加固体强度不均匀。

（3）隔水性好。由于地层中水在低温下结冰，冻结壁防渗性能是采用其他施工方法无法相比的。

（4）施工方便，简单。人工冻结法由于基本不受支护范围和支护深度的限制，完全以地层自身形成支护体系，且冻结加固体形状可根据工程需要灵活设计，既可以形成圆筒形加固体，又可以形成棚拱形加固体。

（5）环境污染少，影响小。其充分利用土体自身的特点，材料是土体，对地下水资源及周围环境无污染，冻结壁解冻后冻结管可以视情况回收，地下土层恢复原状，对地下工程较有利。冻结工程施工最大的污染是钻孔时少量的泥浆排出，冻结过程中不向地层中注入任何有害物质，冻结工程完毕，地层自然融化恢复到原有状况，不会在地层中留下有碍于其他工程施工的地下障碍物。作为一种"绿色"施工方法，符合当今环境岩土工程发展趋势。

（6）经济上比较合理。国外的工程实例表明：冻结工程成本与采用其他施工方法（如注浆和旋喷）施工的成本数量级相等，而且随着加固深度的增大，冻结法的经济性越来越明显。

近年来，随着人工制冷技术和冻土力学的发展，冻结法施工技术不断完善，冻结法的应用范围和施工规模不断扩大。在铁路隧道、公路隧道以及各种地下洞室的施工中得到了广泛的应用。

人工地层冻结技术在下列土木工程中得到了广泛应用：

（1）深基础建筑及地下洞室；

（2）城市地铁及河底、海底、穿山隧道；

（3）桥墩基础；

（4）地基托换；

（5）大直径围堰；

（6）矿山及地下工程。

1.2 冻结法基本原理

1.2.1 岩土冻结过程

土体是一个多相和多成分混合体系,由水、各种矿物质和化合物颗粒、气体等组成,而土中的水又有自由水、结合水、结晶水几种形态。当降到负温时,土中的自由水结冰并将土体颗粒胶结在一起形成冻结整体。冻土的形成是一个物理力学过程,随着温度的降低,冻土的强度逐渐增大。

人工土层冻结法就是在人工制冷作用下,制成低温盐水,通过低温盐水在埋设在地层管道内的循环,在冻结孔内完成与地层的热交换,带走地层热量,使地温逐渐下降至结冰温度。随着制冷的继续,结冰区逐渐发展,形成设计要求的冻土结构,目的是满足安全掘砌施工要求。

地层冻结是通过冻结管向地层输送冷量的结果。循环盐水常用结冰点很低的氯盐类的水溶液,如氯化钙、氯化镁或氯化钠,其中最常用的是氯化钙溶液。循环盐水在冻结过程中起着传递能量的作用,将携带的冷量通过冻结管传递到地层,又将地层传来的热量传至盐水箱,再将热量传递给制冷系统,由制冷系统排到大气中。盐水在环形空间内流动时吸收冻结管周围岩土层的热量,使岩土层冻结,每个冻结管四周形成多个单独的圆柱状冻结地基体,相邻的冻结圆柱体相交,形成冻土墙帷幕结构,冻土墙向两侧扩展,向内的扩展速度比向外的扩展速度快,通常向内的扩展范围要到达开挖边界。

地层冻结是土中水冻结并将固体颗粒胶结成整体的物理力学性质发生变化的过程,土中水的冻结过程可以划分为五个阶段,如图 1-1 所示。

冻土融化是冻土温度升高后其中的冰融化,同时胶结的固体颗粒分散的物理力学性质发生变化的过程。冻土融化过程中按照土温随时间变化大致可以分为两个阶段,如图 1-2 所示。

1.2.2 岩土冻结实质

冻土的基本成分是固体矿物颗粒、黏塑性冰包裹体、液相水(未冻水和强结合水)和气态包裹体(水汽和空气)。

(1)冻土的固体矿物颗粒对冻土性质有极为重要的影响。冻土性质不但取决于矿物颗粒的尺寸和形状,而且取决于矿物颗粒表面的物理化学性质和矿物颗粒的分散度。

(2)冻土中存在着的冰包裹体,其独特的性质在很大程度上制约着冻土的

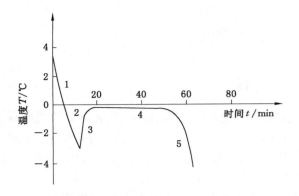

1—冷却阶段(温度从初态降低到水的冰点,此时尚无冰);

2—过冷阶段(温度持续降至冰点下,自由水仍不结冰,呈过冷现象,与温度有关,主要是与热平衡有关,
但是若在水达到冰点且全部水未结冰前,有结冰冰晶生长或有振动的影响,
土中水将立即进入稳定冻结阶段,而无明显过冷现象);

3—温度突升阶段(部分孔隙水冻结,释放潜热,温度突升);

4—稳定冻结阶段(温度升至冰点并稳定,孔隙水开始冻结成冰,冻土逐渐形成);

5—冻土降温阶段(温度继续降低,冻结范围扩大、冻土强度增大,吸收冷量,温度进一步降低)。

图 1-1　冻土中水冻结过程曲线

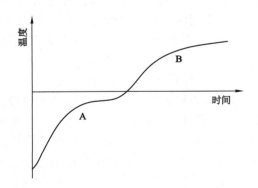

A—融化过程阶段(随着冻土中液态水含量增加,融化温度不断升高);

B—融后阶段(土中冰晶全部融化后土温逐渐与环境温度相同)。

图 1-2　冻土中冰融化过程曲线

力学性质。冰具有强烈的各向异性,而且即使在极小的应力作用下也会出现黏塑性变形。在天然条件下由于热动力条件(温度、压力等)经常发生某些变化,冰的性质(组构和黏滞性等)也会随之显著变化,这种冰的不稳定性决定了冻土性质的不稳定性。

(3)冻土中的未冻水通常在负温(甚至可达−70 ℃)下总有一定数量存在,

未冻水以强结合状态和弱结合状态两种方式存在。未冻水的含量直接影响土体的相变潜热和冻结速度,而且直接制约冻土的力学性质。

（4）冻土中的水汽从弹性较高处（主要取决于温度）向弹性较低处转移。在非饱和土中水汽可能是土温变化和冻结过程中水分重分布的主要原因。

冻土的形成过程实质上是土中水的结冰过程。水结冰一方面起着分离土粒的作用,使土粒之间不产生显著的摩擦力,另一方面将土粒胶结成整体。

土壤冻结前后土体的强度、水分以及热物理参数等发生较大变化：

（1）强度提高。冰和矿物颗粒胶结后具有较大的黏结力和内摩擦力,从而使冻土的抗压强度、抗剪强度、抗拉强度等较未冻状态大幅度提高。

（2）水分迁移。水分迁移是冻土的主要物理力学过程。冻结过程中水分迁移和水结冰引起体积膨胀（约 9%）和土层隆起,融化过程中体积收缩引起土层沉陷。

（3）热物理性质变化。由于冰的导热系数$[\lambda_i = 2.25 \text{ W}/(\text{m} \cdot \text{K})]$约为水$[\lambda_w = 0.582 \text{ W}/(\text{m} \cdot \text{K})]$的 4 倍,而冰的热容量约为水的$\frac{1}{2}$,这就决定了冻土和非冻土在热物理性能上的差别,冻土中的含冰量越大,其物理性能的差别越显著。

1.3　影响冻融温度场的主要因素

1.3.1　岩土体性质

工程中的研究对象大多数直接或间接与岩土体有关,岩土体性质决定了所研究对象的基本物理性质,这些性质影响冻融温度场的形成和发展。岩土体的性质包括矿物成分、粒度组成、岩土体的含水量以及岩土热物理性质等。

冻结岩土体是一种内部结构极其复杂的不连续岩土工程材料,是由未冻水、岩土、冰、气等多相介质组成的体系,内部细观介质的组成和结构形态决定了其在外部环境和荷载作用下的热力学特性,结构决定了冻融岩土温度场的分布形态。矿物颗粒是冻土多相和多成分体系的主体。颗粒的大小和形状直接影响冻土的性质。矿物成分对冻土的形成过程和性质都有很大影响。

1.3.2　冻结、融化温度

土的冻结和融化温度实际上是土中水的冻结和融化温度。冻结或融化温度是判定土冻结或融化程度的基本指标,相应影响了土中的温度梯度。标准大气压下纯净的水在0℃时冻结,称0℃为冰点。土是一种多相介质,土中水一方面受土颗粒表面能的作用,另一方面水中或多或少含有一定量的溶液,所以土的冻结温度低于冰点。

土的冻结温度受到土自身性质(如土颗粒的矿物成分、含水率、含盐量以及外界压力)的影响。具体定性关系为:矿物比表面积越大,颗粒周围的水需要克服表面能冻结成冰需要的能量越大,土的冻结温度越低;含水率越高,土的冻结温度越接近冰点;含盐量越大,土的冻结温度越低;含水量低的土在受到外界压力作用后,由于大部分压力都由骨架承担,冻结温度变化不大,而对于高含水量的土,随着土中水或冰分担的外界压力逐渐增大,冻结温度将逐渐降低。

给定含水率及无外载条件下土体的冻结温度可用下式计算:

$$t_{\mathrm{d}} = -\exp\left(\frac{\ln a - \ln W}{b}\right) \tag{1-1}$$

式中　t_{d}——土体的冻结温度,℃;

　　　W——土体的含水率,%;

　　　a,b——与土质有关的常数,由试验确定。

在相同初始含水率情况下,土颗粒细的,其冻结温度低,土颗粒粗的冻结温度高。一般情况下,当含水率为液限含水率时,黏性土类的冻结温度为-0.1～-0.3℃,砂和砂性土的为0～-0.2℃。

土的含盐量也影响其冻结温度,含盐量大,其冻结温度低。而含盐量又与水分有关,土的含水率大,土中盐稀释,冻结温度高;土的含水率小,盐的浓度增大,冻结温度就低。试验表明:当土的含水率不同时,冻结温度不同,其规律是土的冻结温度随含水率的增大而升高。

在不同含盐量和外载的作用下,结冰温度可按下式求得:

$$t_{\mathrm{d}} = t_{\mathrm{s}} + \eta p \tag{1-2}$$

式中　t_{s}——无外载条件下含盐湿土的结冰温度,℃;

　　　η——不含盐湿土结冰温度随外载的平均变化率,一般为-0.07～-0.08℃/MPa;

　　　p——湿土所受外荷载,MPa。

土的冻结和融化温度均随着含水率的增大而升高,含水率相同时,融化温度始终高于冻结温度。融化温度和冻结温度均随着土颗粒变小或孔隙溶液浓度增大而降低,且变化值增大。融化温度与冻结温度之间的差值随着含水率增大而减小。经历数次冻融后,融化温度略升高。

含水率、含盐量和外加荷载对冻结温度的影响具有叠加性。人为条件下,外载引起土体冻结温度的下降可计算后进行叠加。天然条件下,土的冻结温度和融化温度应取现场扰动土进行实测。

1.3.3　冻结孔布置方式

不同的冻结孔布置方式会形成不同的冻结温度场。改变冻结孔的圈数、布置圈径和数量在相同时间内会形成不同形状、厚度和强度的冻结壁。强制解冻时一般仍会利用原有全部或部分冻结孔，采用全区或分区的方式，因此，冻结孔的布置方式会影响解冻温度场的发展。

1.3.4　盐水温度及流量

盐水温度是影响冻融温度场发展的重要参数，相同条件下，盐水温度越低，冻结温度场的发展速度越快，达到设计的冻结壁厚度和强度的时间就越短。强制解冻时情况相类似，盐水温度越高，解冻温度场发展速度越快，达到解冻要求的时间就越短。

盐水的流量对冻结壁的形成和发展至关重要。单位时间内盐水吸收周围土体的热量与盐水去回路平均温差和盐水流量成正比。

$$Q = q \cdot c \cdot \rho \cdot \Delta T \tag{1-3}$$

式中　Q ——单位时间内盐水吸收土体的热量，kJ/h；

　　　q ——盐水流量；m³/h；

　　　c ——盐水比热容，kJ/(kg·℃)；

　　　ΔT ——盐水去回路平均温差，℃；

　　　ρ ——盐水密度，kg/m³。

1.3.5　冻结形式

正确选择冻结形式，是冻结设计中必须首先解决的问题。冻结形式不但关系冻结速度、技术经济效益，而且关系工程成败。选择哪种形式，应全面分析井筒穿过地层的工程地质和水文地质情况，同时考虑冷冻设备和施工队伍的技术水平，以取得最佳的技术经济效益为原则。不同的冻结形式会有不同的冻结温度场分布和发展情况。

常见的冻结形式有一次冻全深冻结形式、差异冻结形式、分段冻结形式和局部冻结形式。

（1）一次冻全深冻结形式

一次冻全深冻结形式是指所有冻结孔的深度与最大冻结深度一致，并且全深一次冻结形成冻结壁的冻结方式。这种形式应用广泛、适用性强，能通过多层含水砂层。其不足之处是深部冻结壁和浅部冻结壁厚度相差不大，需要的制冷能力大。

（2）差异冻结形式

差异冻结形式又称为长短管冻结形式，是指冻结管的深度不同，长短管交错布置在同一圈上，一次冻结形成冻结壁的冻结方式。此形式主要用于同时冻结冲积层和含水基岩的情况，长管超出短管深度的部分以冻结基岩、封堵地下水为主要目的，而其上部分以与短管共同形成承受水土压力的冻结壁为目的。

（3）分段冻结形式

分段冻结形式又称为分期冻结形式。当冻结深度较大且有合适的水文地质与工程地质条件时，将整个冻结深度从上到下分为数段，分段冻结形成冻结壁，并使井筒掘砌工作不间断进行的冻结方式即分段冻结形式。其冻结管布置方式与一次冻全深形式相同，只是采用不同结构的冻结器来分段冻结。

（4）局部冻结形式

当只有局部地层需要冻结时可以采用局部冻结形式。采用局部冻结的冻结器结构形式有隔板式、压气隔离式、盐水隔离式以及套管式等。

2　冻结管监测理论与技术

2.1　冻结管断裂风险

短时间内我国的能源消费还摆脱不了对煤炭的依赖,随着浅部煤炭资源的逐渐枯竭,向深部开采的趋势不可避免[1-2]。随着深部矿产资源的不断开发,井筒建设深度越来越大,随之而来的技术难题是井筒需要穿过深厚表土层(新生界的新近系、第四系地层),如万福煤矿,表土段冻结深度超过 800 m,未来要开发的衡水煤田、周口煤田等表土层厚度超过 1 000 m。冻结法是在深厚表土层、基岩风化带以及我国西部富水弱胶结基岩层中施工的一种行之有效的辅助凿井手段。

随着煤炭行业的繁荣,一大批新建矿井得以开工,冻结法凿井技术得到了很好的发展,许多井筒冻结深度超过 600 m,部分为 700～800 m。根据中国煤炭建设协会统计资料,1955—2015 年由国有大型企业采用冻结法建成的立井井筒有 1 218 个,其中 2000—2015 年采用冻结法凿井的井筒 744 个,累计井筒长度达 39 万 m,最大井筒净径为 10.5 m,最大冻结深度为950 m,施工规模居世界之首,进一步加剧了冻结法凿井理论滞后于实践的局面。随着冻结深度的增加,对冻结壁的厚度、强度、温度等的要求随之提高。同时,有几个方面的因素会提高冻结管的断管风险:(1)冻结深度增加,冻结管需要穿过更多不同性质的地层,相应冻土层的受力变形性能差异很大,造成冻结施工时冻结管受力状态更复杂;(2)在深厚表土层中,深部黏土(尤其是膨胀性黏土)的流变性较强,井筒掘砌时的冻结壁变形较大;(3)冻结基岩段有时需要采用爆破施工,偏斜较大的冻结管极易在爆破时断裂;(4)冻结管接头数量增加,接头焊接缺陷难以避免;(5)冻结圈径的增大和多圈冻结的应用,造成冻结管受力更加复杂;(6)凿井装备的升级和建井周期的压缩,造成井筒掘进速度提高和段高加大;(7)深度增加,冻结造孔时不可避免要进行多次纠偏,造成冻结管下管后就存在较高的初始应力。

国内外在深厚冲积层中采用冻结法凿井的井壁破裂、冻结管断裂事故屡见不鲜,近 30 年来,一些发达国家由于其能源结构变化,很少有大型冻结井筒开工,冻结法凿井技术的发展基本处于停滞状态[3]。在国内,20 世纪 80 年代的冻结法凿井工程中,尤其是两淮地区,出现了大量的断管和淹井事故[4]。随后科研院所、建设单位、施工单位开展了冻结管冻裂机理的研究和技术攻关[5-8],通过改良冻结管材料性能和接头焊接工艺,冻结法凿井冻结管断管现象得到有效控制。之后随着冻结圈径的增大,多圈冻结方案普遍被采用,由于冻结技术理论的滞后,冻结管断裂事故大量出现[9-10]。冻结管的安全性是冻结工程成败的关键因素之一,但是目前行业学者聚焦于冻结理论[11-12]、冻土力学[13-14]、设计方法[15-16]等方面,部分成果涉及多圈冻结时的冻结管受力变形和断裂机理方面[3],而对于冻结管的安全监测和评价方面较少关注。冻结站对于冻结管断裂的判断还是基于冻结管断裂后冷冻站房内盐水箱、井筒掘进工作面的一些直接或间接现象。例如,冻结管出现断裂后,工作面底鼓量大,井帮位移量增大;迎头空气温度下降;井帮或井壁出盐水,盐水味道苦涩而浑浊;盐水箱内盐水水位下降明显,盐水去回路出现流量差;冻结沟槽内盐水流动的声音明显,有咚咚的响声;断裂的冻结管头部橡胶管受大气压作用而变形。以上现象都是基于冻结管已经发生断裂,可想而知,在发现上述现象时已有大量盐水泄漏在地层中,严重时造成冻结壁开窗,从而带来一系列安全问题,且为断管后的地层处理埋下隐患。

理想的冻结管监测系统应能够实时监测其受力工作状态,冻结管受力、变形异常时及时预警,提醒相关单位提前采取补救措施,或停止掘砌、增加支撑以控制井帮变形,改善冻结管受力;或提前关闭冻结管阀门以防止过多的盐水漏失。面对特殊、复杂的地质环境,各项防止冻结管断裂的措施的有效性面临诸多不确定性,有必要对冻结管工作状态进行实时监测。通过分析低温冻结管受载过程的声发射特性,建立力学变形与声发射信号之间的相关性,对冻结管断裂危险的监测、分析和预警来说尤其重要和迫切。

2.2　冻结管断管现象、机理及防治技术

20 世纪 80 年代冻结法凿井工程中,国内多个矿井尤其是两淮地区出现了大量的断管和淹井事故[12],而当时该地区施工的表土层厚度为 200～500 m。如潘谢矿区用冻结法施工的 14 个井筒(据 1988 年统计)中有 10 个井筒发生了冻结管断裂事故[17],断管总数达 108 根,占全部管数的 30.5%。其中,潘二南风井断管 14 根,潘三东风井断管 22 根;谢桥矿矸石井 37 根冻结管中的 34 根断管[8],断管率高达 92%;谢桥矿副井因冻结管断裂造成盐水漏失、冻结壁开窗,并引发了淹井事故[17]。发生过类似淹井事故的矿井还有东荣三矿风井、波兰留宾铜矿 L-1 号井、苏联扎波罗兹一矿 2 号井等[14]。

冻结管断管现象多发生在强化（积极）冻结期，多圈冻结时内圈管易先断。井筒开挖引起的地层扰动和卸载效应会不可避免造成冻结壁变形，距离井筒开挖荒径较近的内圈冻结管受到的影响最大，从而产生拉、弯、扭等变形，甚至产生裂缝、断裂。断管风险较高的其次是中圈管，如果内圈管断裂没有被及时发现或处理，抑或在冻结壁厚度和温度条件不理想时掘进过快、段高过大而砌筑滞后的情况下，冻结壁的变形可能会波及中圈管。外圈冻结管断管现象较为少见，但危害同样极大。

长期以来，冻结管的断裂问题一直是国内外煤矿立井建设中的一大难题。冻结管的断裂会造成盐水漏失，冻结壁受盐水侵蚀、溶化而强度降低，原来的受力平衡状态被进一步破坏，冻结管受力不均匀，若不及时处理，可能会发生接连的断管事故，导致冻结壁开窗透水，危及井筒安全甚至导致整个冻结工程失败[12]。近年来在深井冻结中常发生冻结管的断裂事故，尤其是在含有厚黏土层的表土中更为突出。我国近70%的煤矿立井冻结法施工中发生过断管事故，轻则停工停产，重则透水淹井，严重影响我国深立井的发展。

对于冻结管断裂问题的研究，学者们从冻结管断裂现象入手，通过对冻结断裂部位进行统计，发现冻结管的易断部位及发生条件有如下特点：

（1）钻孔弯曲，特别是弯曲拐点位于黏性土层或不同土层的交界面时易断管，如柴里主、副井的冻结管断裂部位[13]位于黏土层与砾石层交界面，且朝井心方向偏斜、距离井帮近的冻结管首先断裂。

（2）接头部位易断裂，如临焕副井、潘二西风井采用焊接管箍冻结管，焊条与管箍材质不同，断管7根；芦岭主副井冻结管采用丝扣接头，断管12根[13]。

（3）在黏土层尤其是深部膨胀性黏土层中易断管[13]。

（4）深部的断管概率大于浅部，深厚黏土层中距离井帮较近的，断裂位置一般在冻结管中下部[18]。

（5）掘进段高大或暴露时间长时易断管，掘砌段高越大，暴露时间越长，冻结壁变形越大。

（6）外层井壁可缩量大时易断管，如潘三中央风井在深段内，预制块压坏严重，最大径缩量达320 mm，最终发生冻结管断裂事故[19]。

基于以上认识，学者从冻结壁变形、冻结孔和冻结管质量、爆破震动等方面针对冻结管断裂机理、改善措施等展开了相关研究。如根据统计资料建立冻结壁位移与断管发生概率的关系模型，用冻结壁的最大位移预测冻结管断裂危险[11]；分析爆破震动对冻结管的影响[20-21]；冻结管断裂与材质及接头强度的关系[22]；根据改变冻结管接头部位的刚度和伸长率的思路设计冻结管的柔性接头[23]；内衬管焊接工艺对改善接头性能的影响[24]；冻结壁变形对冻结管断裂的影响[25];冻结管在冻结壁变形段的受力[26]及多圈冻结时的冻结管受力变形特征[8];分析冻结管在井筒不同施工阶段的受力状态,提出控制冻结壁变形防止冻结管断裂的措施[5];理论计算冻结管断裂的危险位置[27-28];进行冻结管在有、无接头时常温和低温条件下的抗拉和抗弯能力测试[29];提出内衬管箍的合理长度和最低焊接强度[30];分析内衬管坡口对焊接头的抗弯承载能力的影响,认为管径大时增大内衬管的长度能够提高冻结管承载能力[18]。对于冻结管发生断裂的力学机理,通过实验室试验和现场测试,初步确定了摩擦力和侧弯曲是导致冻结管断裂的主要因素。但是在以往的研究中,对摩擦力的分布规律认识不清,对弯曲应力的计算方法也不尽合理,因此所得结果相应有较大的误差,从而使得断管事故仍不断发生。

综合上述内容可将冻结管断裂的原因归纳为:

(1)冻结造孔过程中,部分冻结钻孔偏斜超标,采用导斜塞纠偏后出现拐点较多,造成应力集中;

(2)在冻结孔下钢管的过程中,焊接质量不高,钢管管口连接处形成薄弱带,最先遭到破坏;

(3)地质情况复杂,冻结管周围土层因冻结速度的不均衡会产生较大的剪应力,特别是黏土层与其他层交接处,极易出现断管;

(4)冻结施工不到位与井筒施工追求快速掘砌的矛盾会造成冻结壁温度偏高、片帮严重等问题,导致冻结壁产生较大塑性位移,使冻结管破坏;

(5)井筒内爆破施工等外力影响冻结管,在局部脆弱处易断裂。

另外,在处理断裂的冻结管过程中发现部分冻结管有被压扁的现象,如徐州张庄煤矿、舞阳八台铁矿都发生过冻结管被压扁的事故。学者们分析了冻结管被压扁的原因:(1)冻结管受到非均匀荷载作用而被挤扁[31],是冻结管内盐水压力、管体温度应力、水冻结膨胀的表面张力、围岩膨胀和移动、围岩对管的冲击荷载等引起的。(2)均匀荷载作用导致冻结管被挤扁[32],冻结管在径向均匀压力作用下有个临界荷载,达到临界荷载时冻结管很容易在微小扰动下失稳,表现为被压扁。非均质的地层,如冻结孔造孔纠偏造成局部的泥浆区,因土颗粒微细,冻结温度低,冻结壁形成速度远低于砂层,若泥浆区周边的砂层先完成冻结,势必会使其成为封闭的未冻结区。此外,破碎带、土层变化尖灭点等部位都容易形成封闭区域。封闭区域的未冻水再冻结时,会对周围冻结壁产生很大的冻胀力,很容易在最薄弱的部位突破,对冻结管造成损害。

在冻结管断裂监测技术研究方面,20世纪80年代,为解决淮南矿区采用冻结法穿过厚表土层时的冻结管断裂问题,中国矿业大学牵头成立的防止冻结管断裂技术小组,进行了通过外管箍与丝扣连接的冻结管断裂、盐水漏失报警系统的研制工作[17,33],以冻结管断裂时的震动信号为目标,试图在冻结管断裂瞬间捕捉震动信号而报警。冻结管断裂监测的其他方面可用信息有:盐水去回路流量差,压力差,冻土电导率的变化,冻结管应力、应变和声学参数的变化等。但是这些参数存在变化缓慢、间接、滞后等问题,制约了其应用与推广。

现阶段冻结管连接方式已有根本性的改变,目前冻结管通常采用聚脲外层保护膜＋内衬箍坡口对焊或遇水膨胀橡胶外保护层＋内衬箍坡口对焊的复合接头连接,此类型接头的受载变形特征、力学性能、破坏方式等未有深入研究。

2.3 声发射技术在材料破裂分析中的应用

声发射是材料内部由于局部应变能的快速释放而产生瞬时弹性波。每一个声发射信号都包含反映材料内部结构、缺陷性质、状态变化及损伤演化等方面的丰富信息[34],对不同材料在不同条件下的声发射产生机理、信号传播方式、检测方法、分析手段等方面的研究方兴未艾[35-37]。声发射技术属于动态无损检测,随着检测设备性能的不断提高和分析技术的不断完善,声发射检测技术已应用到石油、石化、电力、航空、航天、冶金、铁路、交通、煤炭、建筑、机械制造与加工等领域,实现了对设备的定期检测或在线监测[38-41],声发射技术正在成为某些领域不可替代的研究方法和测试手段。比如新型复合材料的变形机制及损伤演化规律研究、结构安全的在线评价与监测、地下深部岩体结构的长期稳定性监测等。

金属材料受到应力作用时,内部的能量会聚集,当能量聚集到足够大时会引起裂纹扩展或塑性变形,从而产生声发射现象,通过对声发射信号特性的分析可以判断材料的损伤程度、受力状态等[42]。脆性断裂是金属材料在低温下的主要失效形式之一,金属材料有足够尖锐的缺口或缺陷时,在温度低于脆性转变温度(NDTT)下就可能产生脆性断裂,而且这种脆性断裂的发生通常很突然。在我国东北严寒地区、青藏铁路、南极科考站、低温储罐容器、冻结器等超低温环境下,钢材易发生脆性破坏,其力学性能与常温环境下有所不同。国内外学者已经对钢材在超低温环境下的力学性能进行了一些理论和试验研究,并取得了一些研究成果[43-44]。如王元清等[45-46]对常用三种结构钢材(Q235、16Mn、15MnV)20～－60 ℃时的主要力学指标进行了试验研究,并分析了这些指标随温度变化的规律。武延民等[47]研究了低温对结构钢材(Q235,16Mn,15MnVq)断裂韧性 J_{IC} 的影响。刘爽等[48-49]对超低温环境下钢筋单轴拉伸的力学性能进行了试验研究。龙飞飞等[50]应用 K 均值聚类分析方法分割 Q345R 钢的低温拉伸声发射信号，以区分塑性变形信号和噪声信号，通过关联分析和波形分析，得出低温对声发射信号的影响，以及塑性变形和脆性断裂信号的主要分布频率，为低温压力容器声发射检测提供试验基础。柏明清等[51]采用声发射检测方法对16MnR试样进行低温条件下的拉伸试验监测，采用相关性分析理论及特征参量累积分析，得出了模式识别特征以及低温环境下16MnR的声发射特性。肖晖[52]用声发射法监测低温下接触疲劳试验中的裂纹起源和扩展，通过分析试验中的声发射信号确定显微疲劳的起源和扩展过程。孙国豪[53]对钢材在−70～670 ℃温度下进行了拉伸试验，全面分析了试样拉伸过程中声信号参数随温度的变化规律，提出了通过声发射信号变化趋势可判断材料的变形行为、受荷载状况及温度状况。还有学者利用声发射方法研究重轨钢的断裂韧性和疲劳特性[54]，对不同高温环境下在拉伸过程中声发射信号的特征进行试验研究，分析声发射信号的幅度、计数、能量等特征参数及各参数之间的关系[55]。另外，利用声发射技术对焊接气孔、夹渣缺陷、未焊透缺陷进行承受荷载拉伸试验检测，可以得到拉伸过程中的关键声发射信号，揭示不同类型的缺陷对应的声发射特性[56]。

2.4　声发射信号降噪方法研究现状

　　强背景噪声是指除目标声源外所有外部环境及系统噪声的混叠，具有幅度绝对值高、能量值大等特点。"微弱"指相对噪声的信号幅值较小，但是其携带大量有关材料失效或设备故障的重要信息。在冻结管受力变形和裂纹萌生及扩展早期，传感器采集的声发射信号在外部环境及系统自身产生的强背景噪声影响下会出现明显混叠失真。因此，如何在强背景噪声中有效提取反映冻结管早期损伤的微弱特征信号为前兆预警识别关键。

　　传统信号分析方法主要有自适应消噪、数字滤波及离散量统计平均等，通常用于信号预处理。工程中采集的信号多数为非平稳时变信号，传统方法会使信号的瞬态分量曲线变得平滑，无法有效识别信号高频细节信息，不利于后续声发射源信息的提取。随着计算机技术的发展，多种先进信号处理手段被用于声发射信号处理，如小波分析[57]、独立分量分析（ICA）[58]等。

　　从强背景噪声中提取微弱声发射信号为声发射应用的核心技术。工程中一般从软件、硬件两个方面进行声发射信号降噪处理：（1）通过硬件滤波技术减少进入声发射检测系统的噪声信号；（2）对进入系统的噪声成分用信号处理抑制其影响。声发射信号降噪与硬件及信号处理方法有关，合理选择信号处理方法至关重要。

　　小波分析、独立分量分析、经验模态分解（EMD）及多种方法融合在声发射

信号降噪研究上,但是仍面临理论、应用的不足:

(1) 小波分析缺乏系统、规范的小波基选取原则及分解层次确定方法;

(2) ICA 对复杂卷积混合信号及瞬态非线性信号处理等难点尚未完全突破;

(3) EMD 在端点效应、包络线拟合、模式混叠及 IMF 统计有效性等方面理论不足。

对于冻结管断裂的监测及预警而言,最重要的是如何通过声发射监测信息的动态分析,建立相应的分析方法,实现对潜在断裂信号的识别及预警,而这恰恰是目前有待解决的难题。针对以上存在的问题,基于声发射检测技术,通过低温冻结管及其接头的力学性能和声发射性能试验,本书获取并分析冻结管及接头部位在不同受力形式、变形阶段的声发射信号频谱特征以及不同特征信号随力学过程的变化趋势,建立冻结管变形过程及断裂临界状态的声发射判据。通过对声发射监测信息的动态分析,实现对冻结管变形力学过程的识别及断裂预警。

3 冻结管断裂危险动态监测预警系统及原理

3.1 声发射检测技术

声发射(acoustic emission,简称 AE)是材料或结构在外力或内力作用下,在产生变形或损伤的同时,以弹性波的形式释放部分应变能的一种自然现象。声发射技术是指借助专门的声发射仪器,将声发射信号检测出来,通过对检测信号或参数加以分析来推断材料内部所产生的变化。声发射检测技术原理如图 3-1 所示。

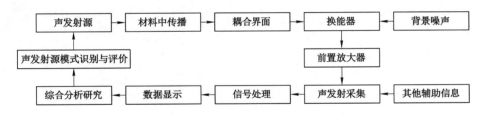

图 3-1 声发射技术原理示意图

声发射检测的主要目的是确定声发射发生的时间或荷载,确定声发射源的部位,分析其性质并评定其严重性。声发射应力波来源于材料(试件或结构)内部缺陷,而不是来源于材料外部某种可以被控制的信息源。

声发射检测技术作为无损检测技术的一种,是一种动态的检测方法。由于声发射信号来自材料缺陷(损伤),因此,利用声发射检测方法可以判断缺陷的严重性。同样大小和性质的缺陷,当其所处位置和所受应力状态不同时,结构或材料的损伤程度也不相同,所以此时状态的声发射特征也有差别,明确了来自缺陷的声发射信号特征,就可以长期、连续地监视缺陷(或损伤)的演化繁衍过程,并判断结构是否安全,这是采用其他无损检测方法难以实现的。

声发射检测技术与其他常规无损检测技术的比较见表 3-1。

表 3-1　声发射检测技术与其他常规无损检测技术的比较

声发射检测技术	其他常规无损检测技术
缺陷随荷载、时间和温度等变化	缺陷的大小和位置固定
与受力历史有关	与缺陷的形状有关
对材料的敏感性较高	对材料的敏感性较低
对几何形状的敏感性较低	对几何形状的敏感性较高
对环境要求较低	对环境要求较高
对被检件的接近要求较少	对被检件的接近要求较多
长期连续在役监测	间断局部扫描
检验时间较短	检验时间较长
不需要发射探测信号	需要发射探测信号
主要问题:噪声的干扰、产生机制	主要问题:位置、缺陷的几何形状

完整的声发射系统包括:声发射卡、声发射主机系统、声发射传感器、声发射前置放大器、声发射处理软件,其核心部件为声发射卡。

3.2　室内试验声发射系统

3.2.1　测试主机

室内声发射检测试验采用美国物理声学公司研制的 PCI-2 声发射采集系统(图 3-2),该系统在声发射参数的实现上通过模拟电路输出模拟变量,然后通过后续电路的 A/D 转换和计数器转换成数字变量,提取声发射信号参数,具有 18 位 A/D,频率范围为 1 kHz～3 MHz。PCI-2 声发射采集系统如图 3-2 所示,其独特的波形流数据存储功能可将声发射波形以每秒 10 兆个采样点的速率连续不断地对声发射特征参数/波形进行实时处理并存入硬盘。

3.2.2　前置放大器

声发射前置放大器(简称前放)置于传感器附近,放大传感器的输出信号,并通过长电缆供主机处理,主要作用如下:

(1)为高阻抗传感器与低阻抗传输电缆之间提供阻抗匹配,以防信号衰减;

(2)通过放大微弱的输入信号来改善与电缆噪声有关的信噪比;

(3)通过差动放大,降低由传感器及其电缆引进的共模电噪声;

(4)提供频率滤波器。

试验采用的前置放大器参数见表 3-2。

图 3-2 PCI-2 声发射采集系统

表 3-2 声发射前置放大器参数表

放大器型号	放大倍数	带宽/Hz	供电方式
2/4/6 前置放大器	20 dB、40 dB、60 dB(3 档)	0~1 200(插拔滤波器)	PAC 声发射卡供电

3.2.3 声发射传感器

声发射检测需要通过传感器把声发射信号转换成电信号。某些晶体受力产生变形时,其表面出现电荷,或者在电场的作用下产生弹性变形,这种现象称为压电效应。声发射传感器(声发射换能器)正是基于晶体组件的这种压电效应,将声发射波所引起的被检件表面振动转换成电压信号的换能设备。声发射传感器种类很多,本次试验采用的传感器类型为谐振式传感器(窄带传感器)。谐振式传感器具有高灵敏度,但是频率响应范围相对较窄。试验采用的传感器参数见表 3-3。

表 3-3 声发射传感器参数

传感器型号	传感器尺寸/mm×mm	工作温度/℃	中心频率/kHz	频率范围/kHz	接口形式
R15α	19×22	−65~175	30	20~180	SMA
Nano30	8×8	−65~175	140	125~750	BNC

3.3 室外试验声发射系统

现场声发射检测所采用的是美国物理声学公司研发的 Sensor Highway Ⅱ

全天候结构健康检测(SHM)系统(图 3-3),其特点如下:

(1) 该系统具有防风、防雨、防震等功能,适合在室外各种恶劣环境(−35∼70 ℃)下全天候、长期工作;

(2) 拥有 16 个 AE 通道、16 个外参数通道,并且可以集成 AE 以外的震动、位移、应力、应变、温度等参数;

(3) 可通过现代网络系统进行远程通信、控制、报警及数据传输;

(4) 1 kHz∼1 MHz(AE)、1 Hz∼20 kHz(震动)系统带宽频率;

(5) 18 位 A/D 精度,20M 采样率。

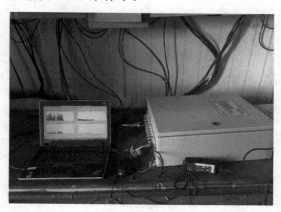

图 3-3　Sensor Highway Ⅱ 系统

将监测系统应用于井筒冻结工程,检验声发射监测冻结管断裂技术的可靠性,验证试验所得声发射信号频谱特征在施工现场的准确度。以某矿主井为例,设计现场监测方案如下:

(1) 监测仪器

将声发射监测设备应用于现场冻结管防断裂监测中,搭建冻结管断裂的动态、实时的声发射监测系统。

声发射传感器检波频率能够与冻结管低碳钢的断裂信号相匹配,且具有足够的低温工作性能,前端放大器包括带通滤波器,可适应冻结管断裂信号的频谱特征,与之配套的数据采集器有足够内存和计算速度,能分析、实时处理冻结管断裂信号,给出报警值。

(2) 传感器布置

原则上所有冻结管上都安装发射探头,考虑到经济性和试验验证的科学性,可以只在断管危险最大的内圈冻结管上安装声发射探头进行试验性监测,根据监测效果再决定是否进行全面安装和推广。

　　主井安装了 4 个监测传感器，内圈 1 个，中圈 3 个，分别是 N5、Z10、Z12、Z14 冻结管。传感器及前置放大器布置于沟槽内，传感器采集到的信号经前置放大器通过同轴电缆上传至采集器主机，主机与计算机布置于监控机房。监测系统示意图如图 3-4 所示。

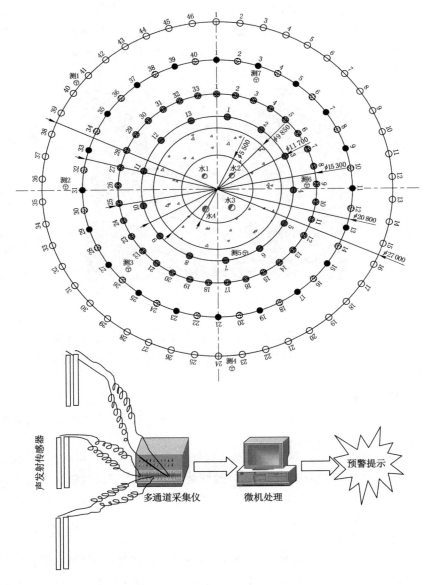

图 3-4　冻结管声发射现场监测系统示意图

施工井筒的井口存在来自地面、井下的各种各样的复杂的振动干扰。这些振动都可能被固定在冻结管上的声发射传感器接收,这将给识别冻结管断裂声发射信号带来困难。为了准确识别冻结管断裂声发射信号,必须进行现场实际环境下的各种振动声源的测试工作,以便结合实验室试验识别冻结管断裂信号。

3.4　声发射信号采集软件

室内与室外声发射系统所使用的软件相同,都采用 AEwin 软件进行声发射信号的采集和分析,该软件可以在 PAC 公司的 DiSP、SAMOS、PCI-2、MIS-TRAS 和 SPARTAN 等产品上运行,进行数据采集和重放。AEwin 通过基本通道设定、AE 定时参数设定及数据组/外参数设定等对声发射信号和外参数进行采集及读取。软件操作界面如图 3-5 所示。

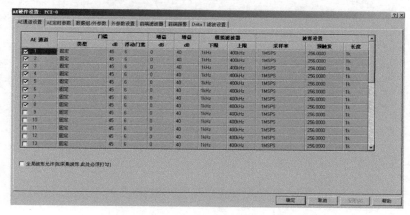

图 3-5　AEwin 软件基本通道设置界面

3.4.1　基本通道设定

（1）门槛——一般用于设置为保持无变化的'dB'值。

（2）浮动门槛——一般用于较高且多变的背景噪声条件下。当选择浮动门槛时,试验开始时的门槛值为'dB'列中设置的数值,然后将在此通道的 ASL 值之上变化 6 dB,但门槛不会下降到指定的初始'dB'值以下。门槛是控制通道灵敏度的主要参数。

（3）增益——在这里输入硬件增益。

（4）前放——在这里输入探头前置放大器的前放增益。

（5）模拟滤波器——下限及上限列的下拉列表框允许为每个可用通道选择

模拟滤波器的高通滤波及低通滤波。

（6）采样率——以每秒为基础的数据采集板采集波形的速率。采样率为 1 MSPS 的意思是每微秒一个采集样本，采样率为 2 MSPS 的意思是每 0.5 微秒一个采集样本。

（7）预触发（带有波形选件才有此项）——在触发点之前记录的时长（以微秒为单位）。

3.4.2 AE 定时参数设定

PDT、HDT 及 HLT 是信号检测过程中的时间参数。AEwin 软件定时参数设置界面如图 3-6 所示。

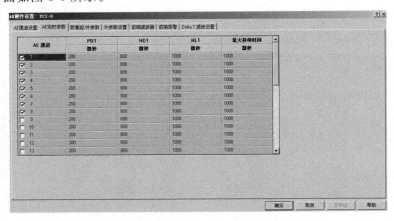

图 3-6 AEwin 软件定时参数设置界面

（1）PDT 的正确设置将确保正确鉴别信号峰值的上升时间和峰值幅度的检测。

（2）HDT 的正确设置将确保结构中的一个 AE 信号反映到系统中的是一个且仅为一个 hit。

（3）HLT 的正确设置将避免信号衰减时的非真实检测及提高数据采集速度。各种试验的推荐值见表 3-4。

表 3-4 定时参数推荐值

材料类型	PDT/μs	HDT/μs	HLT/μs
复合材料,非金属	20～50	100～200	300
小金属试件	300	600	1 000
高衰减金属材料	300	600	1 000
低衰减金属材料	1 000	2 000	20 000

3.4.3　数据组/外参数设定

　　根据参数自身的内涵和对声发射过程描述的方式和角度的不同,声发射参数可以分为基本参数和特征参数两类。基本参数是指通过测试仪器直接得到的时域或频域参数。而声发射特征参数则是有别于声发射基本参数的参数。众所周知,特征是表示此与彼区别的量,是相对量,即只有在比较时才有意义。声发射特征是指表征声发射的该过程与彼过程、该状态与彼状态相区别的量。声发射特征参数是指从声发射基本参数序列中提取出来的有关过程或状态变化的信息,是根据自己的研究对象和研究目的,借助数学方法和相关理论所定义或构造的"再生式"的声发射参数。主要声发射信号参数见表 3-5,可根据研究需要选择相关数据。

　　AEwin 数据组/外参数设置界面如图 3-7 所示。

表 3-5　主要声发射信号参数

参数	含义	特点和用途
撞击和撞击计数	超过门槛并使某一通道获取数据的任何信号称为一个撞击。所测得的撞击个数,可分为总计数、计数率	反映声发射活动的总量和频度,常用于评价声发射活动性
事件计数	产生声发射的一次材料局部变化称为一个声发射事件,可分为总计数、计数率	反映声发射事件的总量和频度,用于评价源的活动性和定位集中度,与材料内部损伤、断裂源的多少有关
幅度	信号波形的最大振幅值,通常用 dB 表示(传感器输出 1 μV 为 0 dB)	与事件大小有直接关系,直接决定事件的可测性,常用于波源的类型鉴别、强度及衰减的测量
能量计数	信号检波包络线下的面积,可分为总计数和计数率	反映事件的相对能量或强度。对门槛、工作频率和传播特性不是很敏感,可取代振铃计数,也用于鉴别波源的类型
振铃计数	当一个事件撞击传感器时,使传感器产生振铃。越过门槛信号的振荡次数,可分为总计数和计数率	信号处理简便,适于两类信号,又能粗略反映信号强度和频度,因而广泛用于评价声发射活动性,但受门槛值影响

表 3-5(续)

参数	含义	特点和用途
持续时间	信号第一次越过门槛至最终降至门槛所经历的时间间隔	与振铃计数十分相似,但常用于鉴别特殊波源类型和噪声
上升时间	信号第一次越过门槛至最大振幅所经历的时间间隔	因受传播的影响而其物理意义变得不明确,有时用于机电噪声鉴别
有效值电压	采样时间内信号的均方根值	与声发射的大小有关,测量简便,不受门槛的影响,适用于连续型信号,主要用于评价连续型声发射活动性
均信号电平	采样时间内信号电平的均值	提供的信息和用途与 RMS 相似,对于幅度动态范围要求高而时间分辨率要求不高的连续型信号尤其有用,也用于测量背景噪声水平

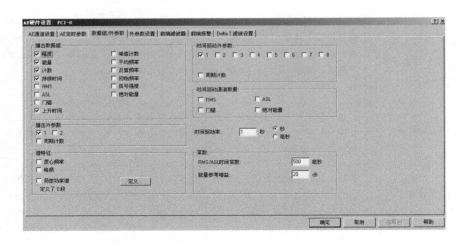

图 3-7　AEwin 数据组/外参数设置界面

4 冻结管接头力学及声发射性能试验系统

4.1 测试技术原理

材料中局域源能量快速释放而产生瞬态弹性波的现象称为声发射。材料在应力作用下的变形与裂纹扩张是结构失效的主要原因。这种直接与变形和断裂机制有关的源被称为声发射源。如果声发射释放的应变能足够大，就可以产生人耳听得见的声音，大多数材料变形和断裂时有声发射产生，但是许多材料的声发射信号强度很弱，人耳不能直接听见，借助灵敏的电子仪器才可以检测得到。低碳钢材料在受力变形过程中，不同应力阶段会有不同强度的声发射信号出现，相应声发射信号特征参数（如频率）也存在显著变化。

基于声发射检测技术，设计低温冻结管及其接头的力学性能和声发射性能试验，获取并分析冻结管弹性变形、塑性变形、临界破裂等不同受力、变形阶段声发射信号的频率分布以及不同频段信号随力学过程的变化趋势，同时对盐水流动噪声及盐水泄漏时的声信号进行检测和识别。重点研究冻结管变形断裂及其前后状态时声发射信号的变化，建立冻结管变形过程及断裂临界状态的声发射判据，为通过声发射监测信息的动态分析来实现对冻结管变形力学过程的识别及断裂预警提供依据。

金属的塑性变形有多种机制，而且受材质、热处理状态和试验条件等因素的影响，因而与塑性变形有关的声发射特性也不相同。金属材料受拉伸和压缩时的声发射信号通常有连续型和突发型两种，在试验的过程中观察到连续分量和突发分量同时出现。金属材料的塑性变形的声发射主要是位移引起的，Luders带的形成、Bauschinger不均匀形变、孪生、硬化性合金等第二相的形变和锻炼都可导致声发射。

4.2 适用范围

实验室试验条件有限,不能完全模拟现场工况,但是试验成果对指导现场的工程实践是具有指导意义的。试验成果基于以下几种条件获得:

(1)冻结管的母材采用低碳钢。冻结管外径较大且壁较薄(ϕ159 mm × 9 mm)。

(2)接头采用内衬箍+坡口对焊的形式,在接头处内衬钢管,其长度为80 mm,焊缝的外表面与管材的外表面平齐。

(3)静力单调荷载。

4.3 试验装置及测试系统

4.3.1 加载装置

冻结管接头的力学性能试验是在加载反力架上进行的,加压装置为液压泵,如图 4-1 和图 4-2 所示。

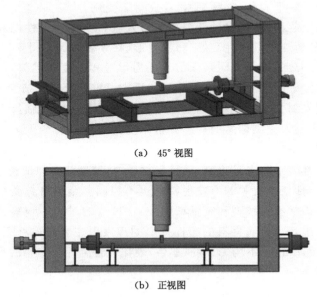

(a) 45°视图

(b) 正视图

图 4-1 试验加载装置

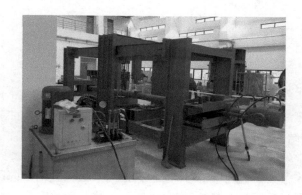

图 4-2　试验反力架及油泵实物图

4.3.2　测试系统

选用 DT85 采集仪（图 4-3）采集冻结管应变、位移及反力计数据，采样间隔为 2 s。DT85 是一款坚固、独立、低能耗的数据采集器，具有支持 USB 盘、18 位分辨率、通信性能可扩展及内嵌显示屏等特点。DT85 的双通道隔离概念可同时使用多达 32 个隔离或 48 个共用参考模拟输入。

图 4-3　DT85 数据采集仪

声发射试验采用 PCI-2 声发射检测系统进行声发射检测，如图 3-2 所示。该系统是对声发射特征参数和波形进行实时处理的多通道声发射系统。为保证耦合效果，采用凡士林作为声发射探头与混凝土试件之间的耦合剂，用胶布固定探头。声发射监测采样率设定为 1 MSPS，采样长度为 2 k，前置放大器增益为 40 dB。为了尽可能减少噪声的干扰，根据具体的试验条件设置不同的门槛值。

4.4 试验方法

4.4.1 试件的制作

该试验主要测试冻结管和复合接头在常温和低温条件下的变形、承载能力的变化,分析冻结管以及复合接头变形过程中声发射信号频谱特征,基于声发射信号特征与力学特征分析冻结管临界断裂的判别模式。

为了尽可能保证试验的准确性,减少其他因素对试验结果的影响,选取了与现场冻结工程同材质同规格的冻结管,加工制作成包含接头的试验管段,管与管之间的接头采用内衬箍+坡口对焊形式,焊件采用机械切割,焊缝的外表面和管材的外表面平齐,没有明显突出。

所测试冻结管的焊缝接头形式如图 4-4 所示,试件实物如图 4-5 所示,其显著特点是接头缝在接头中间,使钢管与接头连接缝减少 50%。内衬管的支撑反力作用,使得在内衬管范围内(接头范围内)强度大于母管强度。

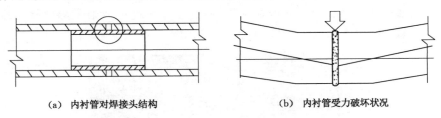

　(a)　内衬管对焊接头结构　　　　　　　(b)　内衬管受力破坏状况

图 4-4　内衬管对焊接头结构和受力破坏状况

图 4-5　加工的冻结管试件

根据试验加载反力架尺寸,试验管段长度确定为 4.2 m,两端焊接变径以便于连接实验室的盐水循环管路。

4.4.2 试验过程

冻结管管径为 159 mm,壁厚为 9 mm,管身长度为 2.5 m,跨距为 1.8 m,万能试验机上的支承座为简支梁的支点,采用集中加载的形式将荷载作用于跨中,即冻结管的焊接接头处。每个冻结管上都安装有 6～8 个电阻应变片和 1 个位移计。在接头焊缝的正上方安装反力计,反力计与电脑连接并记录作用在冻结管接头的应力。为了使荷载均匀作用于接头,在接头的正上方放置一个 U 形槽,在 U 形槽内侧套有一层保温材料,避免在加载的过程中产生噪声,从而影响试验的准确性。在管材中间位置安装热电偶传感器,实时检测冻结管表面温度。为了使冻结管快速降温和更好地模拟施工现场的条件,专门在冻结管的表面粘贴了一层保温材料。为了使冻结管的温度降低,模拟施工现场的盐水循环系统,在管道的两端留有变径小口以利于盐水循环。部分试验过程照片如图 4-6 所示。

(a) 打磨冻结管表面   (b) 粘贴应变片

(c) 安装反力计及位移计   (d) 冻结管保温   (e) 连接盐水管路

图 4-6 部分试验过程照片

（f）加载后的冻结管　　　　　　　　（g）整体图

图 4-6（续）

　　以液压泵为动力进行冻结管的加载，每加载一次仪器自动记录一次。开始阶段加载速度较快，当快接近屈服变形时，加载速率逐渐减小，在集中力作用处（冻结管焊缝处）屈服变形继续发展，直至冻结管接头破坏或管体失稳，仪器停止采集数据。同时利用声发射仪器进行声发射数据的检测和记录。

5 冻结管力学性能及受载过程声发射信号特征

5.1 冻结管力学性能

5.1.1 冻结管材与连接工艺

目前国内深厚冲积层冻结井普遍采用 20# 优质低碳钢无缝钢管,连接方式为内衬箍坡口对接焊。管材性能稳定,连接工艺成熟。

宝钢生产的低温管中 -40 ℃(俗称,实际上为 -45 ℃)有两个标准与牌号:美国 A333-6 标准与国标 16MnDG,二者均为低温输送流体用管,二者相比较,A333-6 产品性能更稳定,销售量大。我国在"七五"期间研制开发了 CS-80L 低温高韧性、高强度冻结管专用管材($\sigma_b \geqslant 784$ MPa,$\sigma_s \geqslant 588$ MPa,冷脆温度转化点 $\leqslant -50$ ℃,在 -40 ℃情况下 $\alpha_k \geqslant 60$ J/cm²)。

几种低温用流体输送管力学性能指标见表 5-1。

表 5-1 几种低温用流体输送管力学性能指标

牌号	屈服强度/MPa	抗拉强度/MPa	延伸率/%	冲击韧性/(J/cm²)
20# 钢	≥210	≥420	≥25	
A333-6	≥240	≥415	≥30	≥18(-45 ℃)
16MnDG	≥325	490~665	≥30	≥21(-45 ℃)
CS-80L	≥588	≥784		≥60(-40 ℃)

宝钢的改进型 20# 钢,在 $-20 \sim -40$ ℃时的冲击功平均值为 $20 \sim 30$ J,-50 ℃时仍为 15 J,低温性能依然非常好。鞍钢 20# 钢在 -20 ℃时冲击功平均值为 $5 \sim 15$ J,脆化明显,尤其是在焊缝热影响区。从冻结管受力角度考虑,应采用抗拉强度、屈服强度高,延展率大,低温冲击韧性好的管材,同时应考虑经济性和施工工艺成熟度。

我国自 1955 年开始尝试采用冻结法凿井以来，采用过的冻结管连接形式有丝扣连接、对接焊接、外管箍连接、内衬箍坡口对接焊接等。在冻结法施工早期，以两淮地区施工中的应用效果来看，冲积层超过 150 m 后，遇到膨胀性强的黏土时，土层的膨胀蠕变往往引起冻结管的变形，导致丝扣脱节。冻结管漏失盐水，冻结井筒的安全受到威胁，造成的冻结井筒事故最多。随着我国材料科学的发展和焊接工艺技术的提高，冻结管的连接方式向材料对接成型方向发展，随后出现了冻结管对接焊、外管箍连接，都在一定程度上解决了当时的冻结管断裂难题。20 世纪 90 年代中后期，随着冻结冲积层深度的越来越大，对冻结管连接强度的要求越来越高，随即出现了内衬箍坡口对接焊接。内衬箍坡口对接焊焊缝质量有保障，焊缝抗拉强度达到母材的 95 % 以上，接头允许变形量大，能够有效解决温度变形、冻胀变形和冻结壁开挖变形等水平地压问题对冻结管的危害。内衬箍坡口对接焊已在我国深厚表土层和西部基岩冻结法凿井中普遍采用，如龙固、赵楼、郭屯、顾北、赵固、宵云等矿井，西部以基岩冻结为主的虎豹湾风井（冻深 580 m）、母度柴登主井（冻深 777 m）。冻结管内衬箍焊接是目前最好的冻结管连接方式。

试验管段采用与施工现场一致的 20# 优质低碳钢无缝钢管，连接方式为内衬箍坡口对接焊。

5.1.2　冻结管常温力学与变形性能

采用冻结管加载装置对试验管材进行轴向的预应力和竖向的变形加载，加载方式如图 5-1 所示。

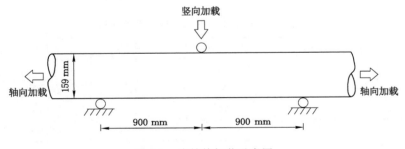

图 5-1　冻结管加载示意图

采用 Datataker 实时采集冻结管上的应变片数据，实时计算得到冻结管的轴向应力，待轴向应力加载至设计值后施加竖向荷载，直至冻结管断裂或达到最大变形量。

钢管弹性模量 E 为 $210×10^9$ GPa。预拉应力由下面公式计算：

$$\sigma = E\varepsilon$$

冻结管常温力学与变形性能测点布置示意图如图 5-2 所示。

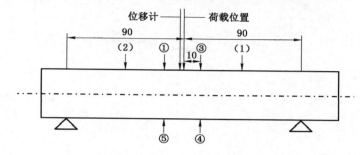

①~⑤—应变片；(1),(2)—声发射探头。

图 5-2　冻结管常温力学与变形性能测点布置示意图

冻结管受载过程变形及管身应力演化规律如图 5-3 至图 5-8 所示。

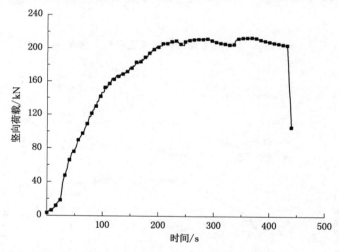

图 5-3　冻结管常温加载过程竖向荷载变化规律

　　由冻结管接头加载试验可知：在有内衬管箍的条件下冻结管接头可以承受较高的荷载，并且具有较大的承载变形能力，接头所能承受的极限荷载接近管材的抗拉极限，最大变形量超过 120 mm。

5.1.3　冻结管低温力学与变形性能

　　冻结加载试验过程中，在监测手段方面，在试验管段的上下侧面安装了应变计（编号为 1~12），用于监测不同部位的受力情况。位移计安装在紧邻竖向加

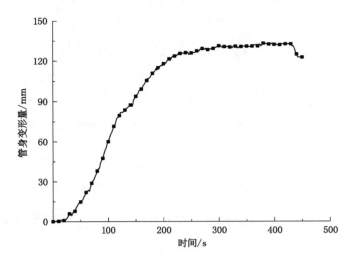

图 5-4　冻结管常温加载过程变形量变化规律

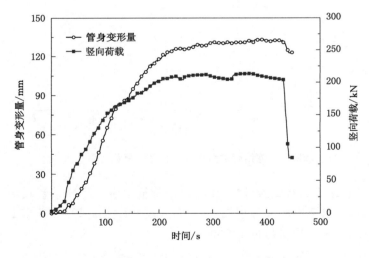

图 5-5　冻结管常温加载过程竖向荷载、变形量变化规律

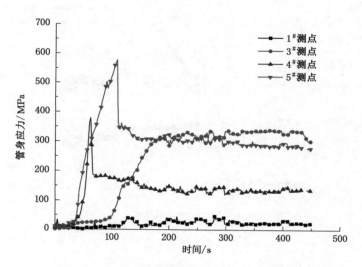

图 5-6 冻结管常温加载过程管身应力变化规律

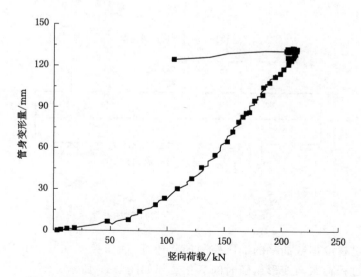

图 5-7 冻结管常温加载过程管身变形量-竖向荷载关系曲线

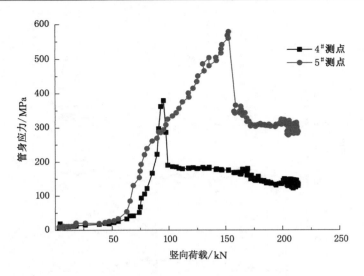

图 5-8　冻结管常温加载过程管身应力-竖向荷载关系曲线

载位置处,用于测量冻结管受弯拉作用后的最大变形量。在竖向加载端安装反力计,用于直接测定竖向荷载值。对于低温试验,在管身布置热电偶测点,实时监测管身温度,以控制盐水温度和流量。冻结管低温力学与变形性能加载测点位置如图 5-9 所示。

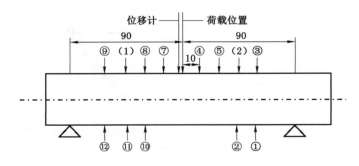

①～⑫—应变片;(1),(2)—声发射探头。
图 5-9　冻结管低温力学与变形性能加载测点位置

　　试验过程以加载油泵的油压控制加载速度,油压控制在 0.2 MPa。冻结管低温加载过程荷载与变形量随时间变化规律如图 5-10 所示。

　　试验加载时间约为 600 s,荷重传感器受载最大值约为 240 kN。竖向加载过程中,管身的受弯变形与竖向荷载曲线呈现一致趋势,加载至极限时,管身受

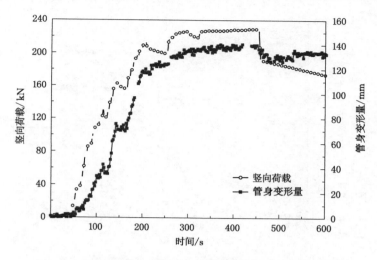

图 5-10　冻结管低温加载过程荷载与管身变形量变化规律

弯最大变形量约为 150 mm,冻结管低温加载过程管身变形量-竖向荷载关系曲线如图 5-11 所示。

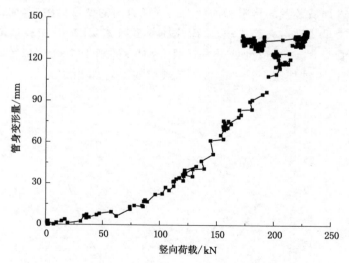

图 5-11　冻结管低温加载过程管身变形量-竖向荷载关系曲线

随着竖向荷载的增加,冻结管顶面的竖向位移量不断增加,但曲线形式呈现抛物线形,此变形形式应是管身横截面变形(圆形压扁为椭圆形)和管身长度方向的受弯变形叠加的结果(图 5-12)。

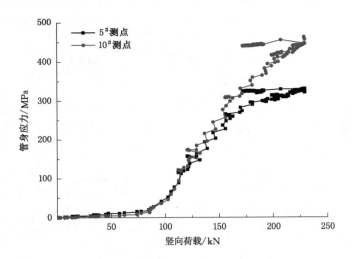

图 5-12　冻结管低温加载过程管身应力-竖向荷载关系曲线

　　选取管身 5# 和 10# 应变片的应变数据考察加载时的管身受力。计算发现：管身上下面受力均以受拉为主；竖向荷载在 90 kN 以下时，管身应力变化不明显，此时应以加载装置的挤密和加载点处管径方向的变形为主；竖向荷载继续增大，管身应力呈线性增大趋势；竖向荷载加载至约 230 kN 时加载油缸达到最大行程，此时管身 5#、10# 应变处受力分别为 315 kN 和 450 kN。冻结管低温加载过程不同竖向荷载作用下管身应力分布规律如图 5-13 所示。

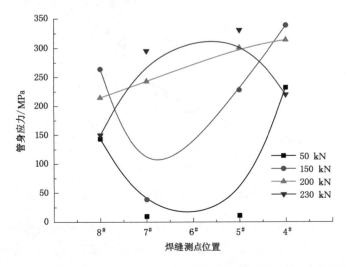

图 5-13　冻结管低温加载过程不同竖向荷载作用下管身应力分布规律

　　由冻结管加载过程的管身空间应力分布曲线可以发现(以管身顶面 8#、7#、5#、4# 处的应力考察):随着竖向荷载的逐步增大,曲线形式从下凹形向上凸形转变,即加载初期加载点近端的弯曲变形和受力较小,以压扁和水平方向的变形为主,随着竖向荷载增大,管身受弯变形增大,尤其是加载点处变形较远端更大。

　　2# 冻结管加载试验过程及试验结果如图 5-14 至图 5-21 所示。

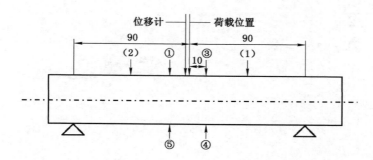

①～⑤—应变片;(1),(2)—声发射探头。

图 5-14　2# 冻结管低温加载测点布置示意图

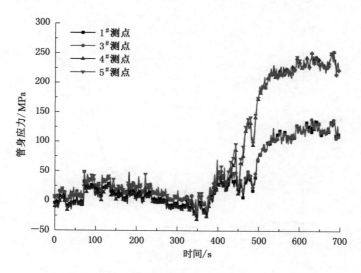

图 5-15　2# 冻结管低温轴向拉伸过程管身应力变化规律

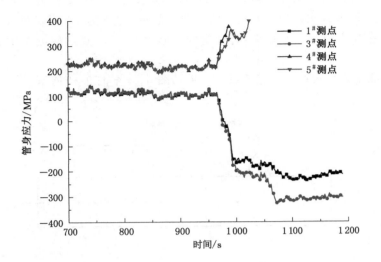

图 5-16　2#冻结管低温竖向加载过程管身应力变化规律

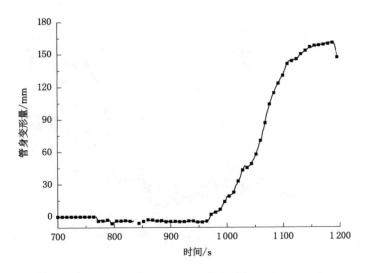

图 5-17　2#冻结管低温竖向加载过程管身变形量变化规律

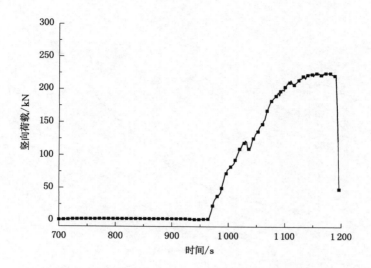

图 5-18　2# 冻结管低温加载过程竖向荷载变化规律

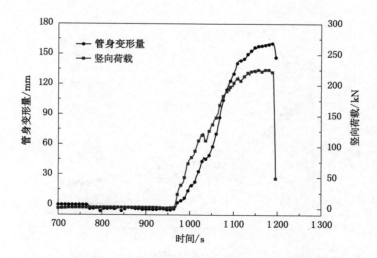

图 5-19　2# 冻结管低温加载过程管身变形量与竖向荷载变化规律

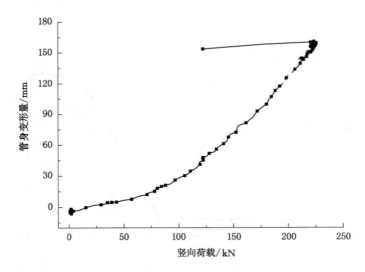

图 5-20 2# 冻结管低温加载过程管身变形量-竖向荷载关系曲线

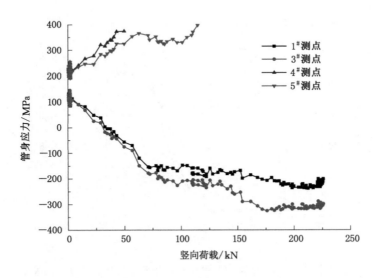

图 5-21 2# 冻结管低温竖向加载过程管身应力-竖向荷载关系曲线

　　3#冻结管加载试验过程及试验结果如图5-22至图5-28所示。

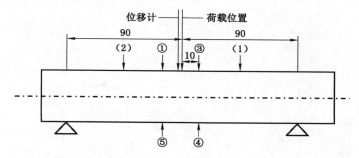

①～⑤—应力片；(1),(2)—声发射探头。

图 5-22　3# 冻结管低温加载测点布置示意图

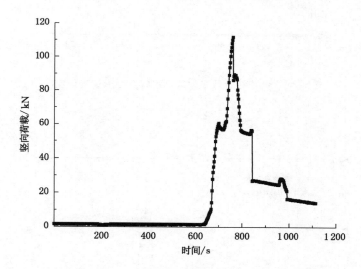

图 5-23　3# 冻结管低温加载竖向荷载变化规律

　　在本试验的尺寸范围内,随着温度的降低,对接管接头焊缝的抗拉强度呈现增大趋势,随着温度的降低,强度略增大。由曲线可以看出低温下试件的屈服强度也有所增大。

　　在常温和低温条件下,冻结管的外荷载与相应挠度为非线性关系,其他条件基本相同时,随着温度的降低,冻结管的挠度减小,变形能力降低。冻结管断裂一般发生在接头处,在温度相同情况下,随着冻结管承受荷载的不断增大,冻结管的挠度越来越大,同时接头和冻结管之间协调变形能力越来越弱,当荷重最终超过接头强度时,接头断裂。

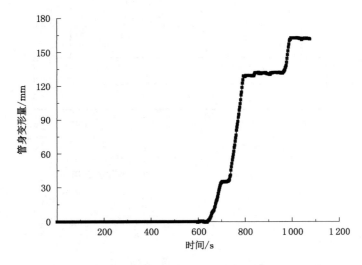

图 5-24　3#冻结管低温加载过程管身变形量变化规律

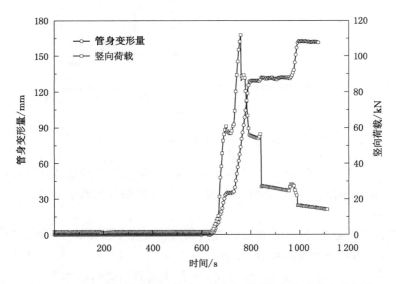

图 5-25　3#冻结管低温加载过程管身变形量与竖向荷载变化规律

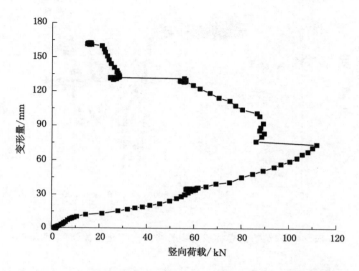

图 5-26 3# 冻结管低温加载过程管身变形量-竖向荷载关系曲线

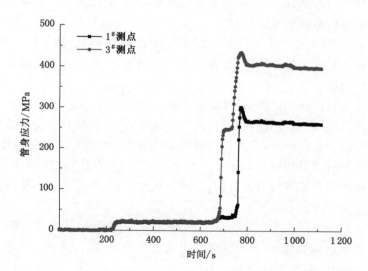

图 5-27 3# 冻结管低温加载过程管身应力变化规律(1#,3# 测点)

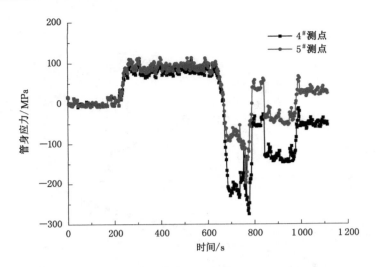

图 5-28　3#冻结管低温加载过程管身应力变化规律(4#,5#测点)

5.2　盐水流动声信号检测

工作状态的冻结管,其内循环着低温盐水,盐水的流动会与管壁摩擦形成干扰噪声。此噪声与冻结管管材自身受力产生的声发射信号混在一起,会被冻结管断裂监测系统检测到,会对冻结管断裂关键信号的识别造成干扰。因此,需要找到盐水流动时的声信号特征,为后续进行的现场声发射信号检测的滤波和信号处理提供依据。

本次盐水噪声检测试验,设计试验管段内循环低温盐水,模拟现场工况时冻结管的工作状态,在试验管段接入盐水循环管路后,在不加载条件下检测冻结管中盐水流动的声发射信号,获得不同温度、不同盐水压力下的声发射特征参数。通过多个声发射信号特征及其相互之间的模式匹配,对所检测的声发射信号进行特征参数的耦合提取与对比分析,识别与盐水流动、泄漏等状态相对应的声发射模式。

冻结管两端分别接入盐水去路和回路管路,试验管路及连接管路分别用聚氨酯泡沫进行保温处理,管路上布置 2 个通道声发射测点,并通过热电偶监测管壁温度,试验系统如图 5-29 所示。

低温条件下,盐水流动噪声测试结果如图 5-30 至图 5-33 所示。

由实测结果可知:盐水在冻结管内的正常流动产生的是连续声发射信号,振

图 5-29　盐水流动噪声测试

铃计数和能量维持在稳定的范围内,累计振铃计数和能量线性增长,幅值分布比较均匀,稳定分布于 40～43 dB 之间。通过监测盐水在冻结管内的正常流动,可以为监测冻结管断裂时的盐水泄露的信号提供依据。

选取 3 段盐水流动时声发射信号的典型波形进行频谱分析。

由图 5-31、图 5-32 和图 5-33 可以发现:盐水流动信号为连续声发射信号,从原始波形上能够看到明显区别于突发信号的形态。傅立叶变换后,其频率成分集中在 19.53～48.83 kHz。

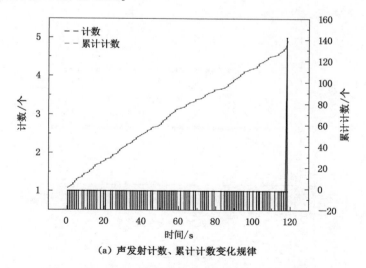

（a）声发射计数、累计计数变化规律

图 5-30　盐水流动噪声测试声发射统计参数变化规律

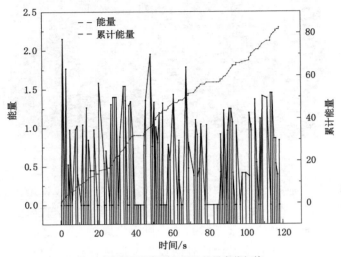

（b）声发射事件能量及累计能量变化规律

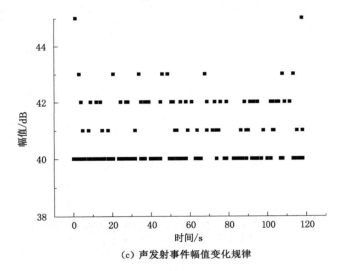

（c）声发射事件幅值变化规律

图 5-30（续）

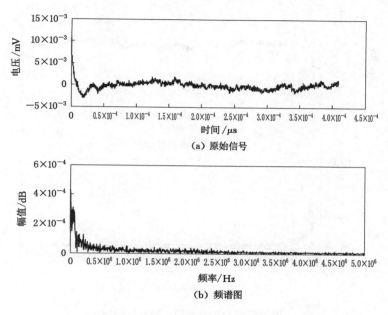

（a）原始信号

（b）频谱图

图 5-31 盐水流动噪声频谱特征（1）

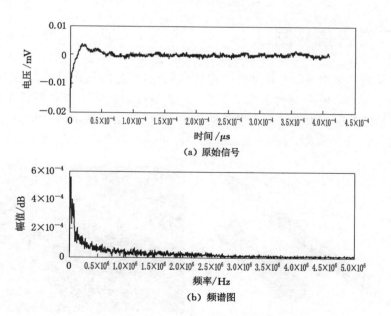

（a）原始信号

（b）频谱图

图 5-32 盐水流动噪声频谱特征（2）

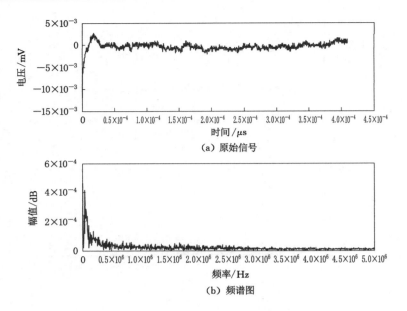

（a）原始信号

（b）频谱图

图 5-33　盐水流动噪声频谱特征（3）

5.3　断铅信号测试

为了测试声发射信号在冻结管内的衰减和稳定性，每次试验前做一次断铅试验（图 5-34）。除声发射采集系统外，另准备自动铅笔 1 支和直径为 0.5 mm 的 HB 铅笔芯若干根。在声发射源模拟中，模拟源主要满足信号稳定且频谱宽的要求。研究结果表明：突发型的脉冲波源模拟可以由电火花、玻璃毛细血管破

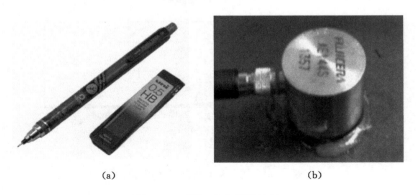

（a）　　　　　　　　　　　（b）

图 5-34　断铅试验所用材料

裂、铅笔芯断裂、落球和激光脉冲等产生。其中断铅模拟声发射源具有简单、经济、重复性好等优点,是目前较常用的方法。

5.3.1 室温条件下的断铅试验

室温条件下断铅试验的统计参数特征如图 5-35 和图 5-36 所示,重点考察断铅信号的幅值与频率特性。

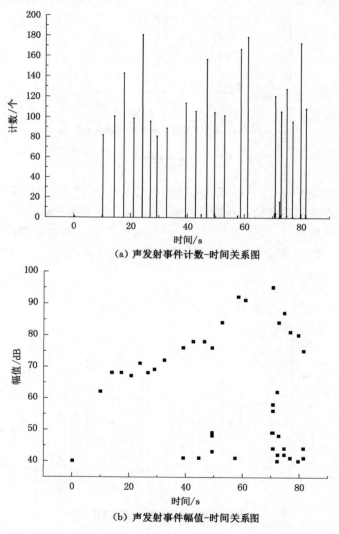

(a) 声发射事件计数-时间关系图

(b) 声发射事件幅值-时间关系图

图 5-35 室温条件下断铅试验声发射统计参数特征(1# 通道)

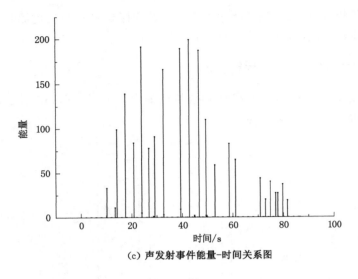

（c）声发射事件能量-时间关系图

图 5-35（续）

由试验结果可知：在未进行试验且安静的条件下并没有产生声发射信号，从而达到了消除噪声的目的。在断铅试验过程中产生了突发信号，两个通道得到的信号大致相吻合，从而保证了声发射结果的可靠性。断铅信号的幅值主要集中在 60～90 dB，且两个通道采集到的信号并没有明显差异。

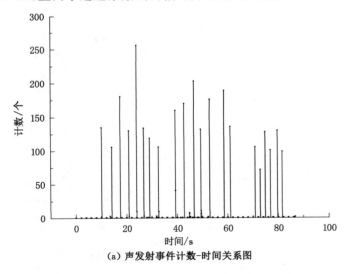

（a）声发射事件计数-时间关系图

图 5-36　室温条件下断铅试验声发射统计参数特征（2# 通道）

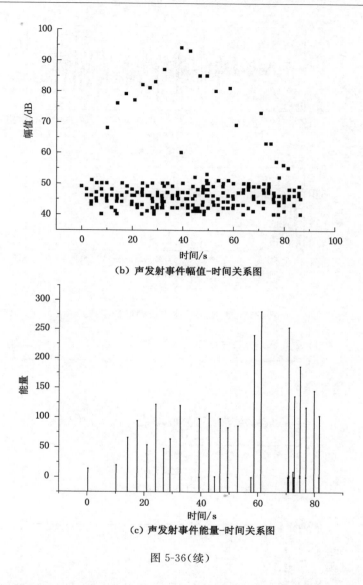

（b）声发射事件幅值-时间关系图

（c）声发射事件能量-时间关系图

图 5-36（续）

选取了 5 次断铅信号的波形数据进行频谱分析，考察其信号的频率分布、波形特征及频谱特征，如图 5-37 至图 5-41 所示。

通过以上频谱图可以发现：在 140～160 kHz 存在峰值，而在 250 kHz 处通常存在次峰值。例如，在 151.37 kHz 处存在次峰值 0.037 dB，在频率 166.02 kHz 处存在峰值 0.029 dB，在 239.26 kHz 处存在次峰值 0.025 dB，在 146.48 kHz 处存在峰值 0.051 dB，在 249.02 kHz 处存在次峰值 0.050 dB。

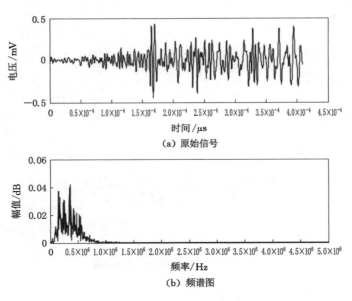

图 5-37　断铅信号波形及频谱特征（1）

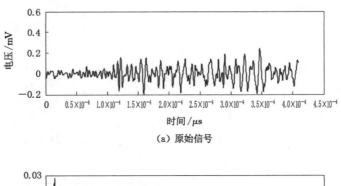

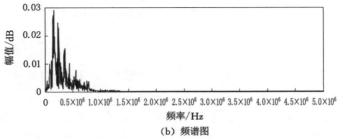

图 5-38　断铅信号波形及频谱特征（2）

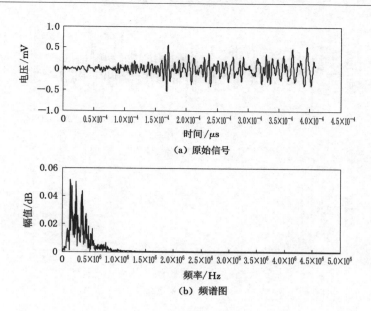

（a）原始信号

（b）频谱图

图 5-39 断铅信号波形及频谱特征（3）

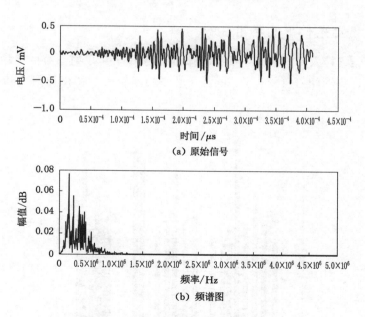

（a）原始信号

（b）频谱图

图 5-40 断铅信号波形及频谱特征（4）

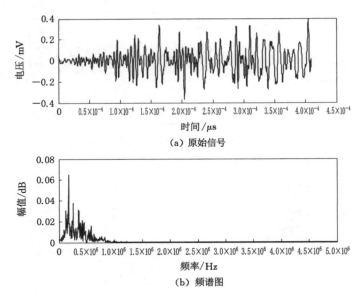

（a）原始信号

（b）频谱图

图 5-41　断铅信号波形及频谱特征（5）

5.3.2　低温条件下的断铅试验

　　将冻结管接入冷盐水循环系统，测试低温条件下声发射系统的灵敏度和测试的可靠性，测试温度为－28 ℃。低温条件下的断铅信号特征如图 5-42 至图 5-44 所示。

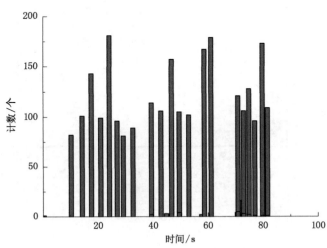

图 5-42　低温断铅试验声发射事件计数-时间关系图

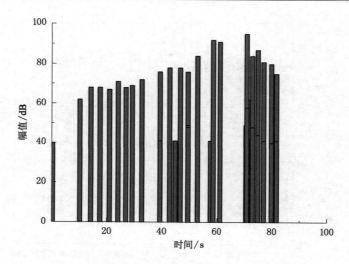

图 5-43　低温断铅声发射事件幅值-时间关系图

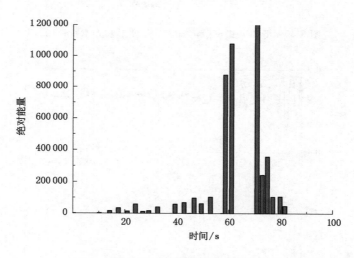

图 5-44　声发射绝对能量

　　由声发射幅值特征可以发现:低温条件下声发射测试系统仍具有很好的稳定性,声发射信号幅值为 60~90 dB,与室温条件下的测试结果无明显区别。

　　选取 3 段声发射信号的波形数据进行频谱分析,结果如图 5-45 至图 5-47 所示。

　　由声发射波形信号观察到:具有明显的突发信号特征,幅值-频率关系曲线显示声发射信号的主要频率集中在 6~50 kHz 范围内,中心频率为 47 kHz。

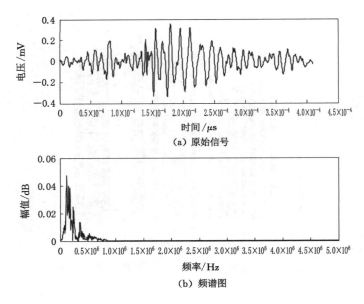

图 5-45　低温断铅试验声发射信号波形及频谱特征（1）

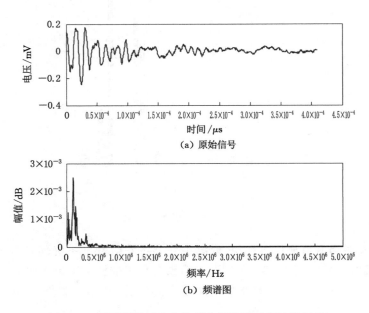

图 5-46　低温断铅试验声发射信号波形及频谱特征（2）

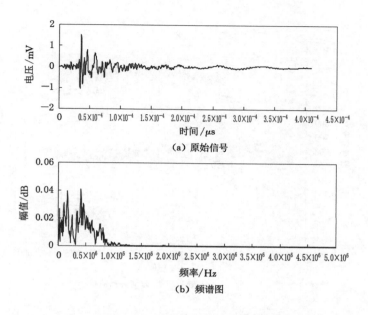

（a）原始信号

（b）频谱图

图 5-47 低温断铅试验声发射信号波形及频谱特征（3）

5.4 冻结管的拉伸过程

冻结管在进行压弯试验前，首先对试验系统进行预压和冻结管拉紧操作，以消除安装间隙和接触不紧密而产生的摩擦噪声。以下分析冻结管预压过程中所测试的多种信号特征（图 5-48）。

对试验结果分析可以看出：冻结管在拉力的作用下表现出弹性行为，即应变随着拉应力的增大而线性增大，期间产生了明显的声发射信号，振铃计数和能量明显增大，累计振铃计数也表现出随着应变的增大而线性增大的特性。在拉应力的作用下幅值变化范围较大，变化幅度较大，主要集中在 100～700 dB，其他较大的幅值大多数是由试验机与管件之间的摩擦产生的。峰值频率主要集中在 3 个频段内且数量较多。拉应力不再增加时，此时在拉应力的作用下声发射信号明显减少，幅值降低，峰频集中段不再明显，但也会有突发的声发射信号产生，这主要是冻结管的变形所产生的。

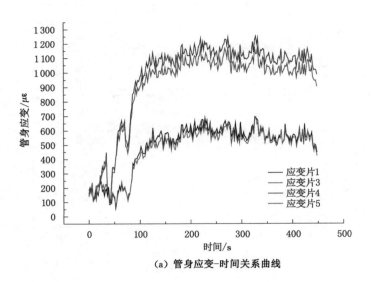

（a）管身应变–时间关系曲线

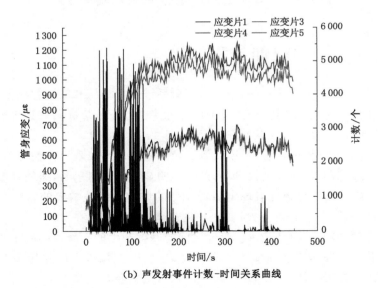

（b）声发射事件计数–时间关系曲线

图 5-48　冻结管轴向拉伸过程声发射信号统计参数特征

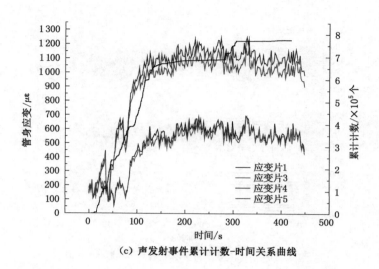

（c）声发射事件累计计数-时间关系曲线

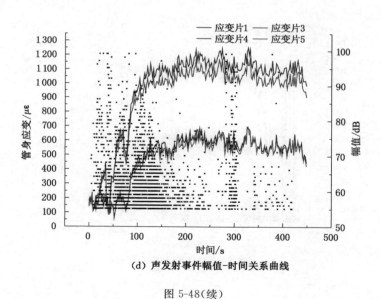

（d）声发射事件幅值-时间关系曲线

图 5-48（续）

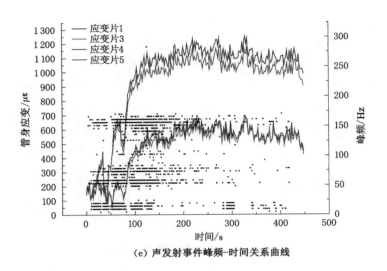

(e) 声发射事件峰频-时间关系曲线

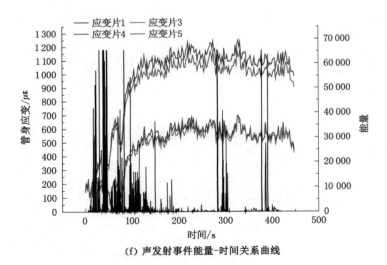

(f) 声发射事件能量-时间关系曲线

图 5-48(续)

5.5 冻结管弯拉试验结果

冻结管弯拉试验测点布置示意图如图 5-49 所示。

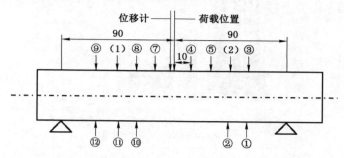

①~⑫为应变片,(1),(2)为声发射探头。

图 5-49 冻结管弯拉试验测点布置示意图

各应变片和声发射探头之间的距离为 10 cm。本次试验所用时间为 650 s,其中在距开始约 150 s 时发出一次清脆的声响,应用 11 个电阻应变片,施加的最大荷载为 227 kN,声发射门槛值为 50 dB。

所得声发射信号如图 5-50 至图 5-52 所示。弯拉试验后的冻结管如图 5-53 所示。

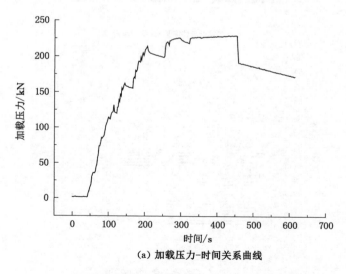

(a)加载压力-时间关系曲线

图 5-50 冻结管弯拉试验声发射信号统计参数特征

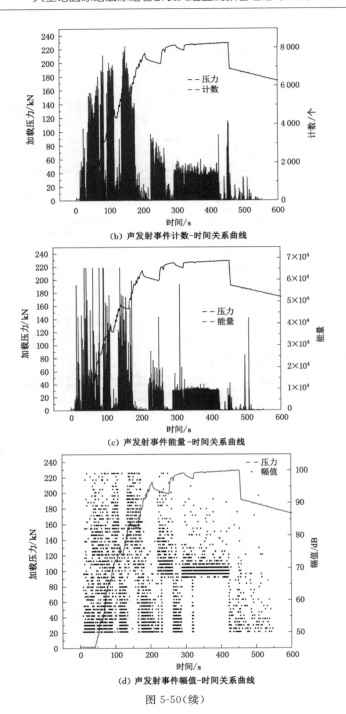

（b）声发射事件计数-时间关系曲线

（c）声发射事件能量-时间关系曲线

（d）声发射事件幅值-时间关系曲线

图 5-50（续）

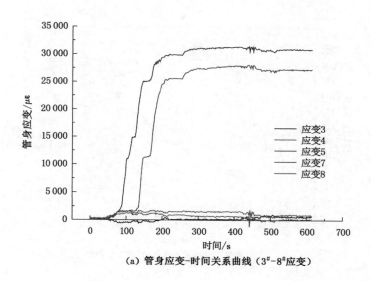

（a）管身应变-时间关系曲线（3#-8#应变）

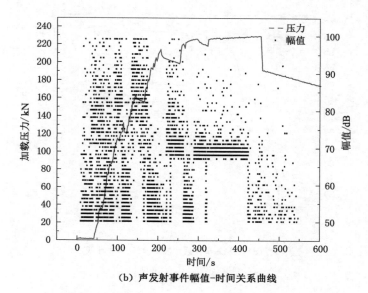

（b）声发射事件幅值-时间关系曲线

图 5-51　冻结管弯拉试验声发射信号统计参数特征

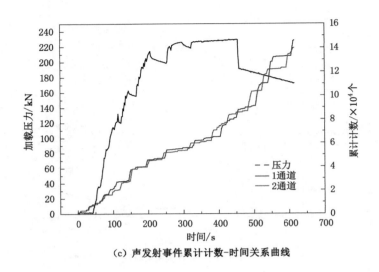

（c）声发射事件累计计数-时间关系曲线

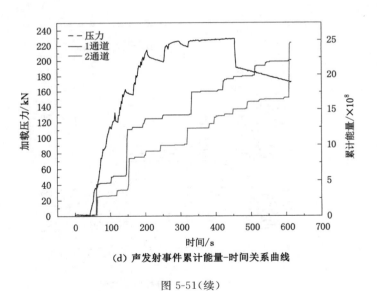

（d）声发射事件累计能量-时间关系曲线

图 5-51（续）

　　分析本次试验结果可知：冻结管底部的 $10^{\#}$ 应变片的应变值明显大于底部其他应变片的应变值，达到了 $60\,000\,\mu\varepsilon$，而顶部的 $5^{\#}$ 和 $7^{\#}$ 应变片的应变值也明显大于其他部位的应变值，达到了 $30\,000\,\mu\varepsilon$，且距离集中荷载越近的位置其值

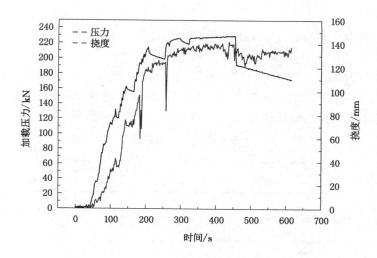

图 5-52　冻结管弯拉试验管身挠度-时间关系曲线

图 5-53　弯拉试验后的冻结管

越小。距离集中荷载相同的部位,底部应变值约为顶部应变值的 2 倍,这也说明了拉应力使冻结管结构产生的变形明显大于压应力,这为冻结管焊缝接头的破坏提供了有用的参考。随着压力值的不断增大,在加压初期产生了较多的声发射信号,这并不完全是由冻结管的变形引起的,而主要是由机械系统的噪声所引起的。当荷载增大到最大值且保持不变时,并没有产生突发的声发射信号,而是产生连续信号,说明冻结管此时处于塑性变形阶段。随着压力的不断增大,挠度不断增大,最大挠度达到 138.9 mm,远大于普通冻结管的挠度。所以,内衬箍+坡口对焊的冻结管连接形式大幅度提高了冻结管的变形能力。

5.6 低轴力大变形冻结管试验结果

低轴力大变形冻结管试验对应的加载时间大约为 500 s,声发射门槛值设定为 50 dB,应变片的位置和声发射探头的位置如图 5-54 所示,加载过程声发射信号统计参数特征及加载后的冻结管如图 5-55 至图 5-58 所示。

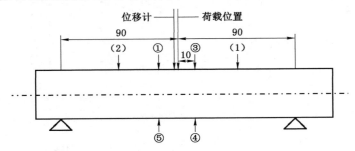

①～⑤—应变片;(1),(2)—声发射探头。

图 5-54 低轴力冻结管试验测点布置示意图

本次试验声发射门槛值为 50 dB,所施加的最大荷载为 210 kN,在 60 s 和 100 s 处应变突变,说明此时冻结管产生了较大的变形,同时声发射信号异常活跃,产生了大量的振铃计数,此时幅值主要集中在 100～220 dB 之间,4 号应变片位置处应变达到了 1.9×10^4 $\mu\varepsilon$,5 号应变片位置处达到了最大应变值($2.8 \times$

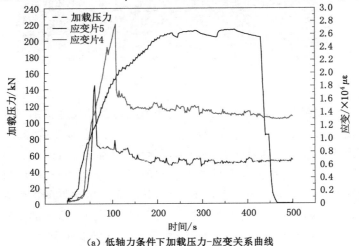

(a) 低轴力条件下加载压力-应变关系曲线

图 5-55 低轴力条件下加载冻结管声发射信号统计参数特征

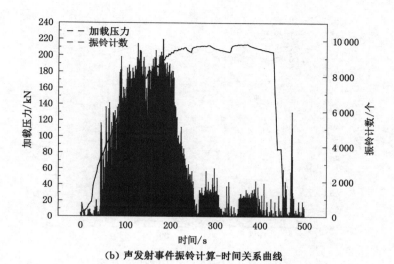

（b）声发射事件振铃计算-时间关系曲线

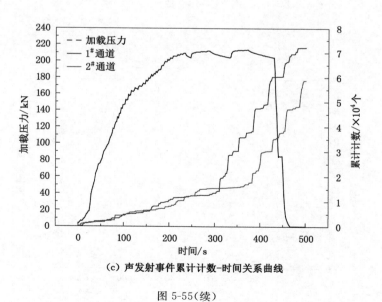

（c）声发射事件累计计数-时间关系曲线

图 5-55（续）

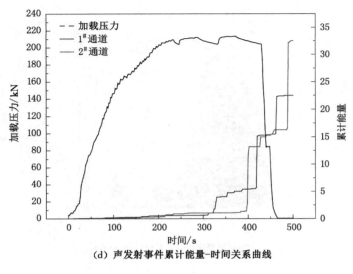

(d) 声发射事件累计能量-时间关系曲线

图 5-55（续）

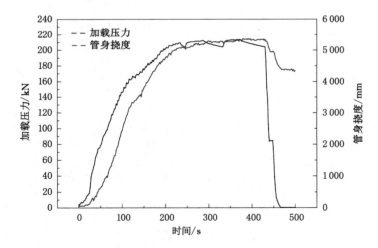

图 5-56　低轴力条件下加载冻结管管身挠度-时间关系曲线

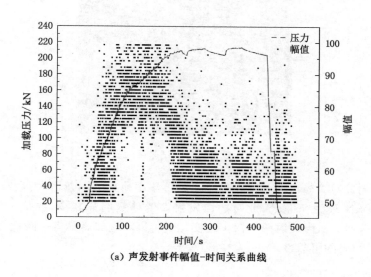

（a）声发射事件幅值-时间关系曲线

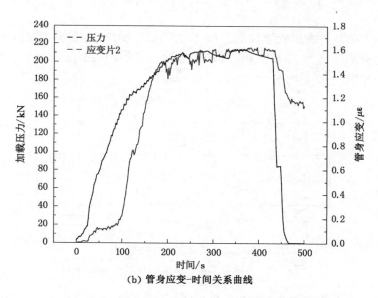

（b）管身应变-时间关系曲线

图 5-57　低轴力条件下加载冻结管声发射信号统计参数特征

图 5-58　低轴力弯拉试验后的冻结管

$10^4\ \mu\varepsilon$),而此时 2 号应变片变化较小。随着集中荷载的不断增大,在240~410 s位于 210 kN 最大荷载处,此时的声发射振铃计数明显减少,幅值主要集中在20~80 dB 处。从声发射两个探头的变化量可以看出二者具有一致性,从而保证了声发射结果的可靠性。

5.7　高轴力冻结管弯拉试验结果

高轴力条件下冻结管弯拉试验加载时间大约为300 s,根据现场的噪声环境声发射门槛值设定为55 dB,应变片的位置和声发射探头的位置如图 5-59 所示。试验结果如图 5-60 至图 5-62 所示。

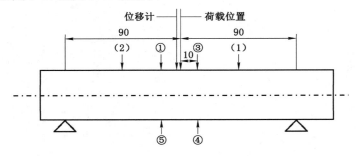

①~⑤—应变片;(1),(2)—声发射探头。

图 5-59　高轴力冻结管试验测点布置示意图

由试验结果可以看出:峰值频率主要集中在 160 dB 和 50~90 dB,冻结管产生了较大的塑性变形,可以达到 160 mm。集中荷载在上部产生了拉应力,应变片 1 的微应变达到了 1 500 $\mu\varepsilon$,应变片 3 的微应变达到了 2 000 $\mu\varepsilon$,平均微应变为 1 750 $\mu\varepsilon$。在 50 s 之前,声发射产生了较大的振铃计数,这多数是冻结管与试

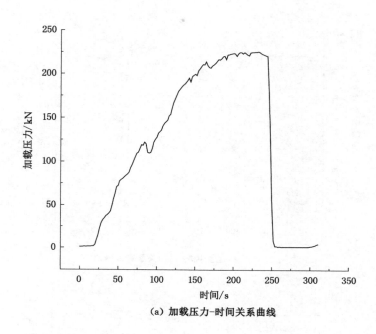

（a）加载压力-时间关系曲线

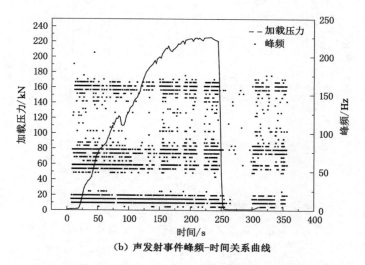

（b）声发射事件峰频-时间关系曲线

图 5-60 高轴力条件下加载冻结管声发射信号统计参数特征

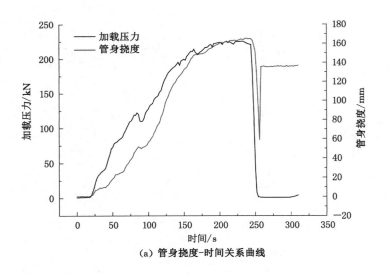

（a）管身挠度-时间关系曲线

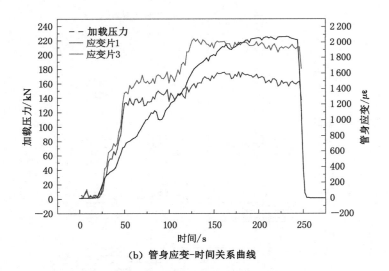

（b）管身应变-时间关系曲线

图 5-61　高轴力条件下加载冻结管声发射信号统计参数特征

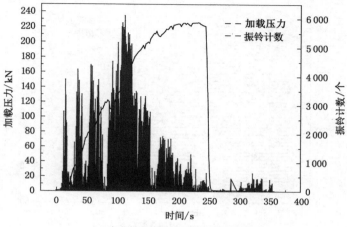

（c）声发射事件振铃计数-时间关系曲线

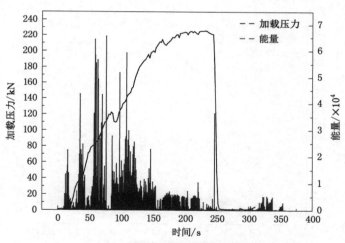

（d）声发射事件能量-时间关系曲线

图 5-61（续）

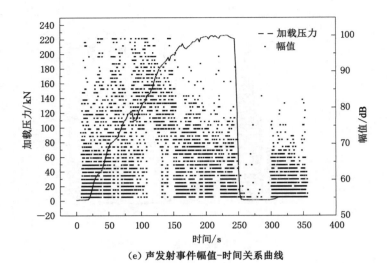

（e）声发射事件幅值-时间关系曲线

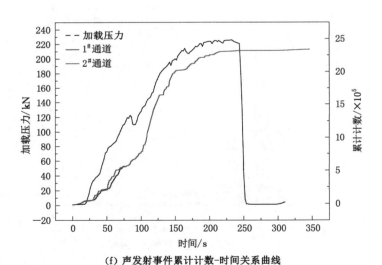

（f）声发射事件累计计数-时间关系曲线

图 5-61（续）

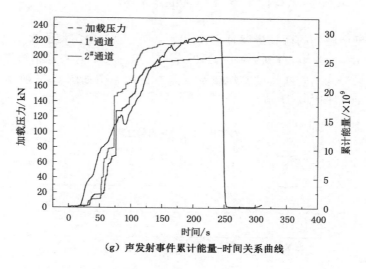

（g）声发射事件累计能量-时间关系曲线

图 5-61（续）

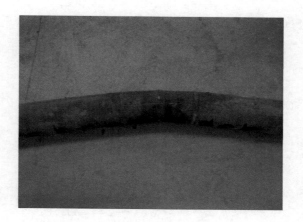

图 5-62 高轴力弯拉试验后的冻结管

验平台之间的摩擦所造成的，在 $50\sim150$ s 之间产生的突发声发射信号是冻结管的变形引起的，此时的声发射累计计数和累计能量表现为一种线性增长模式，幅值变化范围较大，最大值达到 220 dB。在 $150\sim250$ s 范围内，荷载保持在稳定的状态，此时产生的变形不再增加，声发射振铃计数和能量表现为相对平静状态，累计振铃计数和累计能量曲线斜率变小甚至趋于平缓，幅值降低至 120 dB以下。

5.8 预切缝冻结管断裂试验结果

冻结管所施加的荷载持续时间大约为 400 s,声发射门槛值为 50 dB。本次试验共发出 4 次声响,分别为 49 s,112 s,205 s 和 352 s,且在冻结管焊缝处出现断裂。预切缝冻结管断裂试验加载及测点布置示意图如图 5-63 所示。试验结果如图 5-64 至图 5-66 所示。

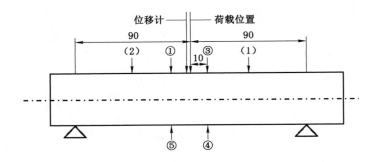

①~⑤—应变片;(1),(2)—声发射探头。

图 5-63 预切缝冻结管断裂试验加载及监测点布置示意图

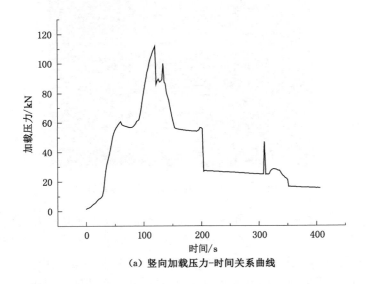

（a）竖向加载压力-时间关系曲线

图 5-64 预切缝冻结管断裂试验声发射信号统计参数特征

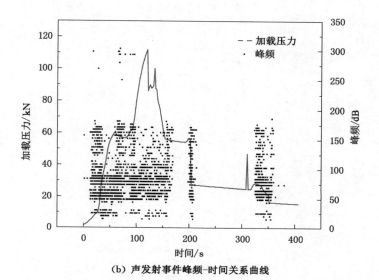

（b）声发射事件峰频-时间关系曲线

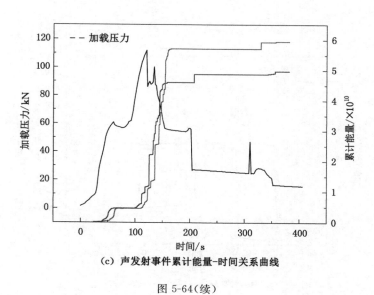

（c）声发射事件累计能量-时间关系曲线

图 5-64（续）

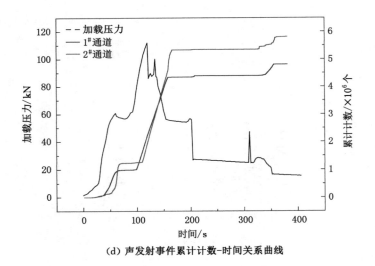

(d) 声发射事件累计计数-时间关系曲线

图 5-64（续）

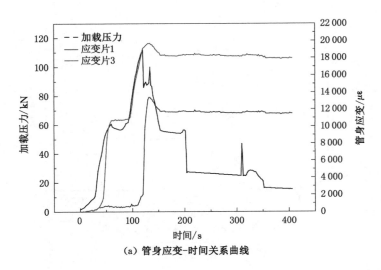

(a) 管身应变-时间关系曲线

图 5-65 预切缝冻结管断裂试验声发射信号统计参数特征

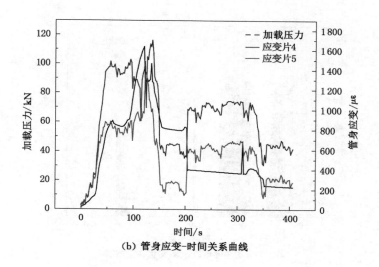

（b）管身应变-时间关系曲线

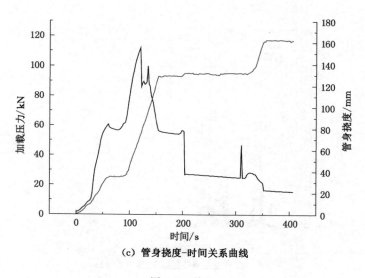

（c）管身挠度-时间关系曲线

图 5-65（续）

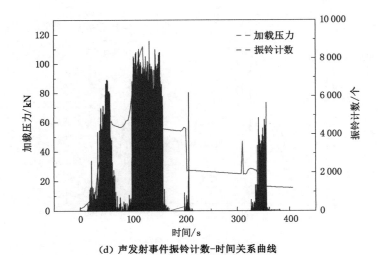

（d）声发射事件振铃计数–时间关系曲线

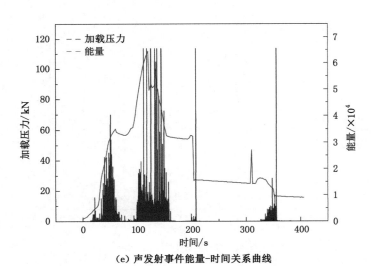

（e）声发射事件能量–时间关系曲线

图 5-65（续）

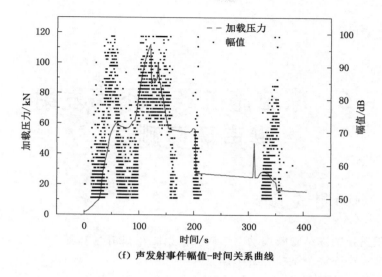

(f) 声发射事件幅值-时间关系曲线

图 5-65(续)

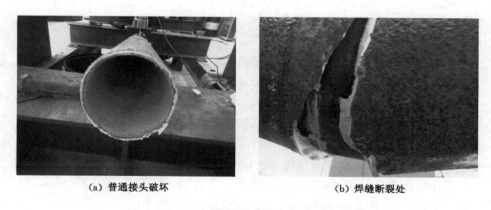

(a) 普通接头破坏　　　　　　　　　　(b) 焊缝断裂处

图 5-66　预切缝冻结管断裂试验破坏后的图像

由声发射结果可以看出：在 100～120 s 处冻结管破坏，应变和挠度剧增，应变片 1 的微应变达到了 19 000 $\mu\varepsilon$，应变片 2 的微应变达到了 12 000 $\mu\varepsilon$，最大变形处达到了 130 mm。同时产生了较强的声发射信号，振铃计数和能量较多，且累计振铃计数和累计能量计数明显增大，此时幅值为 60～120 dB。

6　冻结施工条件下声发射噪声环境测试

6.1　现场测试工作

利用搭建的冻结管断裂动态监测硬件系统在冻结施工现场开展冻结施工条件下声学噪声环境测试与分析工作。

（1）冻结管开裂、断裂、渗漏动态监测。

将现代声发射监测与声发射定位分析技术应用于深井冻结过程中的冻结管安全监测，形成冻结管断裂的动态、实时、定位观测的声发射观测系统和断裂预警技术，具体工作包括：

① 选择声发射传感器，进行传感器性能测定；

② 研制前端放大器（包括带通滤波器），适应冻结管断裂信号的频谱特征；

③ 选择配套数据采集器，有足够内存和计算速度；

④ 研制数据采集功能板，将信号放大器的模拟信号转化为数字信号。

（2）声发射监测系统已安装在主井和风井冻结管上，进行冻结施工环境下声学噪声测试与分析。

采用冻结法凿井施工时，冻结管的声发射监测系统会受到井上、井下多种环境噪声的干扰，如井口附近的翻矸台卸矸、渣土装运、车辆行走等，井下井壁开挖时各种机械、工具、爆破震动、井壁浇筑等。这些震动都可能被固定在冻结管上的声发射传感器接收，这将给识别冻结管断裂声发射信号带来困难。研究和分析冻结施工环境下的各种噪声信号特征，有助于提高冻结管声发射信号的识别精度。

进一步，井筒开挖到底后，进行现场模拟冻结管断裂试验（图 6-1），目的有两个：（1）得到与实际工况最接近的冻结管断裂声发射信号；（2）测试冻

图 6-1　现场测试系统

结管断裂声发射信号在冻结管中传播的衰减规律。

因为实验室进行的冻结管断裂试验所获得的声发射信号是非施工条件下的,未能涵盖实际施工时的噪声干扰,且现场试验能够在更大范围、更真实的介质环境中体现声发射信号远距离传播的衰减规律。现场所开展的工作能弥补实验室工作的不足,二者互补形成完整的试验体系。

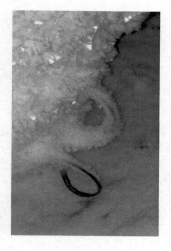

6.2 测试过程

将声发射探头紧贴于位于地沟槽内需要测试的冻结管表面,用凡士林作为耦合剂使探头与冻结管紧密结合在一起。为了保证探头与冻结管结合紧密,防止声发射探头在冻胀力的作用下冻掉,用胶带将探头固定在上面(图 6-2、图 6-3)。

图 6-2 冻结管及声发射探头

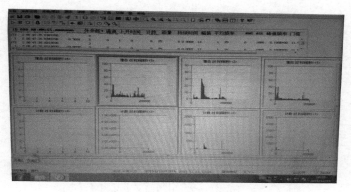

图 6-3 声发射信号采集调试截面

6.3 爆破施工声发射信号特征

通过对爆破施工期间冻结管上采集到的声发射信号进行分析,发现爆破震动对冻结管存在一定程度影响,同时获得了爆破震动信号特征,便于区别冻结管自身的声发射源。

分析试验结果可以看出:冻结管距离爆破地点较近,爆破瞬间由于冲击波的作用对冻结管产生了较大的影响,主要表现在爆破瞬间能量、计数、持续时间、上

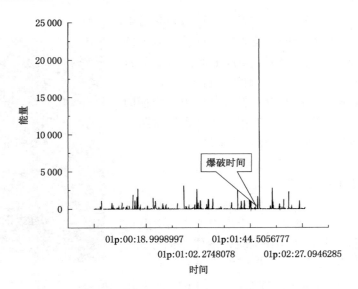

图 6-4　爆破前后声发射事件能量-时间关系图

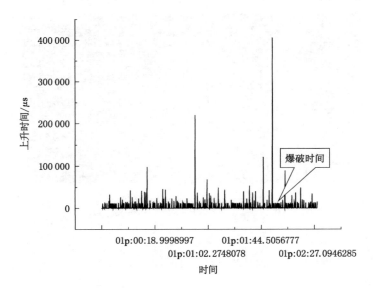

图 6-5　爆破前后声发射事件上升时间-时间关系图

升时间都表现出了明显的声发射信号突增的特点,且增长幅度较大。突增的幅度越大,表明爆破对冻结管的影响就越大。由于爆破地点在地下埋深 800 多米处,声发射信号随着传输距离的增大而衰减更强。因此,综合分析可得:爆破对

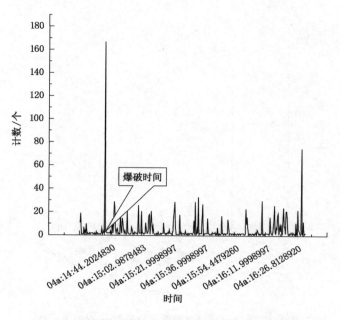

图 6-6 爆破前后声发射事件计数-时间关系图

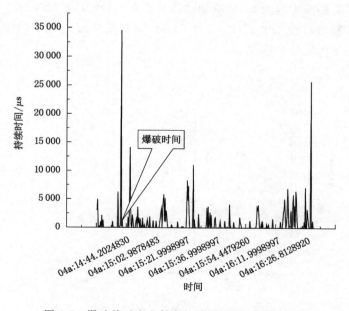

图 6-7 爆破前后声发射事件持续时间-时间关系图

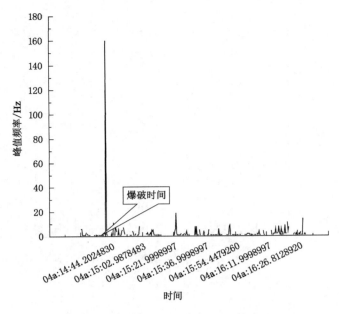

图 6-8　爆破前后声发射事件峰值频率-时间关系图

冻结管接头的影响十分明显,故应加强冻结管在爆破时的检测工作。

以风井基岩段施工为例,2015 年 11 月 30 日的爆破段,监测到的声发射信号特征如图 6-9 至图 6-11 所示。

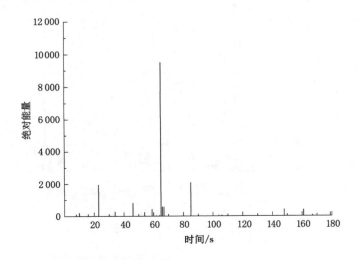

图 6-9　爆破震动声发射信号绝对能量特征

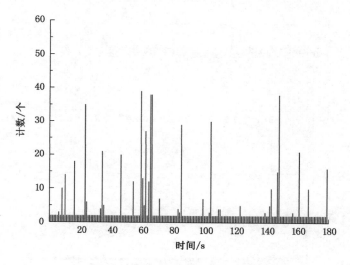

图 6-10　爆破震动声发射信号计数特征

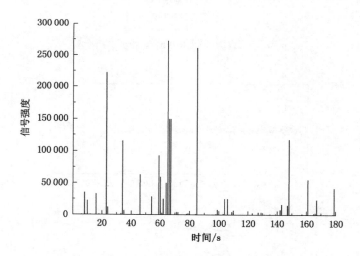

图 6-11　爆破震动声发射信号强度特征

选取爆破震动信号的原始波形,对频谱特征进行分析:

(1) 频率集中在 6.51～110.68 kHz,峰值频率出现在 42.32 kHz(图 6-12)。

(2) 频率集中在 6.54～88.24 kHz,峰值频率出现在 35.95 kHz(图 6-13)。

(3) 频率集中在 9.77～84.64 kHz,峰值频率出现在 29.30 kHz(图 6-14)。

在声发射计数图上,第二个峰值点处的波形频谱特征(前中后三个波形),如图 6-15 至图 6-17 所示。

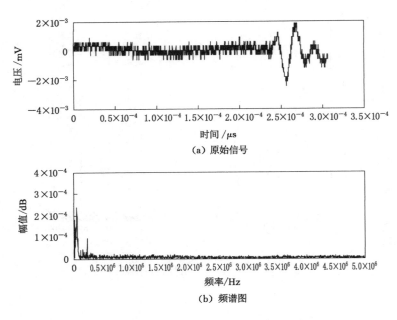

（a）原始信号

（b）频谱图

图 6-12　爆破前的声发射信号频谱（136）

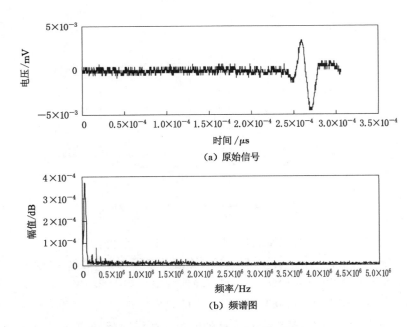

（a）原始信号

（b）频谱图

图 6-13　爆破时的声发射信号频谱（137）

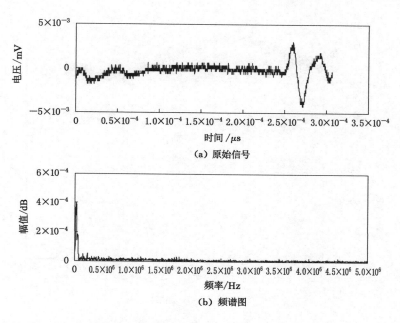

（a）原始信号

（b）频谱图

图 6-14　爆破后的声发射信号频谱（138）

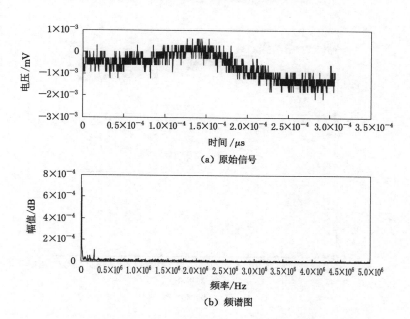

（a）原始信号

（b）频谱图

图 6-15　爆破前后声发射信号频谱（184）

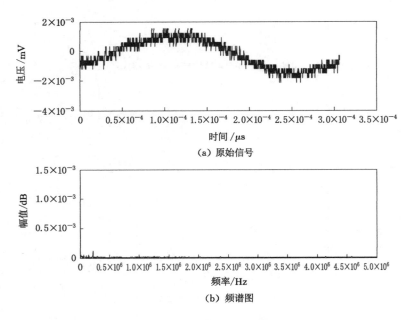

（a）原始信号

（b）频谱图

图 6-16　爆破前后声发射信号频谱（185）

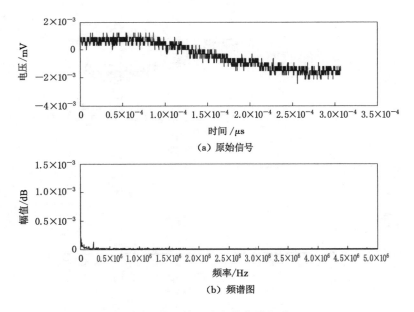

（a）原始信号

（b）频谱图

图 6-17　爆破前后声发射信号频谱（186）

　　爆破振动信号具有突发信号的特征,主要表现在爆破瞬间能量、计数、持续时间、上升时间都表现出了明显的声发射信号突增的特点,且增长幅度较大。不同位置处的爆破信号的频率具有明显变化,近距离的爆破振动声发射信号的峰值频率均为 42 kHz。随着爆破距离的增大,频率出现衰减趋势,低频峰值频率集中在 3.26 kHz。

6.4　声发射信号长距离传播测试

　　通过井下冻结管附近的爆破施工、冻结管人为风镐振动等方式,测试声发射信号在冻结管中长距离传播规律。

　　万福主井北马头门施工时,中圈 2# 冻结管穿越马头门的施工区域,施工时需要破除冻结管并封闭处理,冻结管位置如图 6-18 所示。

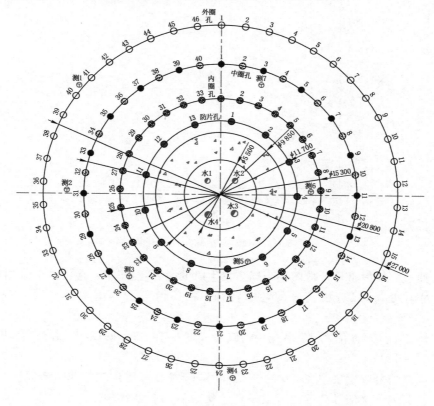

图 6-18　测试冻结管位置

本次测试选择在井下北马头门施工暴露冻结管后进行,通过人为拉断冻结管的方式产生冻结管破断信号,并在地面进行信号检测,以分析信号的传播和衰减规律。

由于围岩稳定性较差,马头门硐室施工遵循多打炮孔、少装药的原则以减少对围岩的扰动,每进尺分上、下两个部分分别爆破。本次测试共进行 5 次,分别为衬砌结构爆破、上部围岩爆破、下部围岩爆破、风镐振动冻结管、拉断冻结管。

6.4.1 近冻结管围岩爆破震动信号特征

北马头门施工时,在冻结管揭露前,通过监测系统测试了爆破震动信号沿冻结管的传播规律。爆破发生在 4 478~4 480 s 之间,声发射系统检测到的信号特征如图 6-19 至图 6-21 所示。

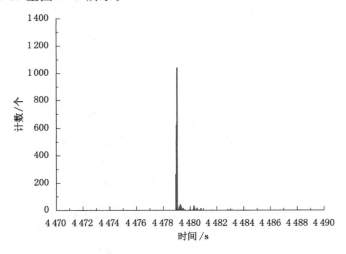

图 6-19　爆破前、后的声发射计数

通过声发射事件计数图找到爆破发生时的撞针号,提取对应的波形数据,进行傅立叶变换,以分析信号的频谱特征。相关信号的频谱特征如图 6-22 至图 6-25 所示。

爆破前震动信号频率集中在 22.79~71.61 kHz,峰值频率出现在 58.59 kHz。

爆破信号频率集中在 26.04~52.08 kHz,峰值频率出现在 39.06 kHz。

从其他干扰信号频谱图可以发现干扰信号的频率集中于 0~50 kHz,幅值最大处的频率为 3.26 kHz 和 6.51 kHz。

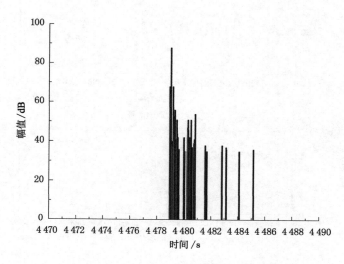

图 6-20　爆破前、后的声发射信号幅值

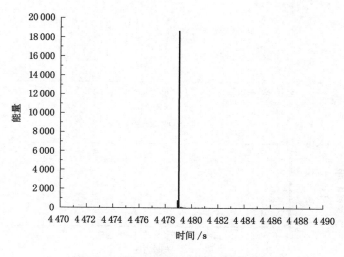

图 6-21　爆破前、后的声发射信号能量

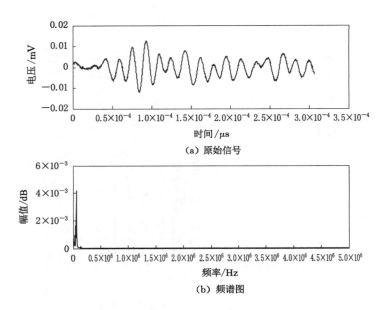

（a）原始信号

（b）频谱图

图 6-22 爆破前震动信号频谱特征（71601）

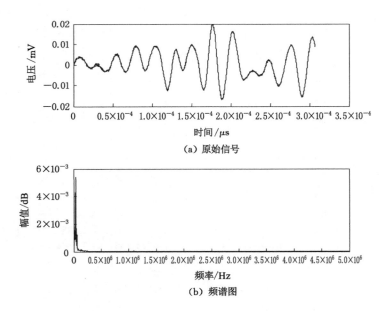

（a）原始信号

（b）频谱图

图 6-23 爆破信号频谱特征（71063）

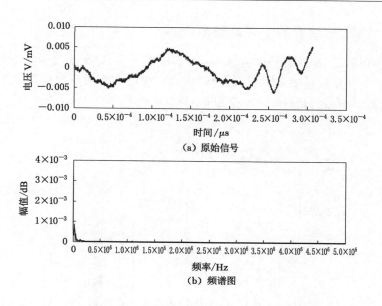

（a）原始信号

（b）频谱图

图 6-24 其他干扰信号频谱 1(71064)

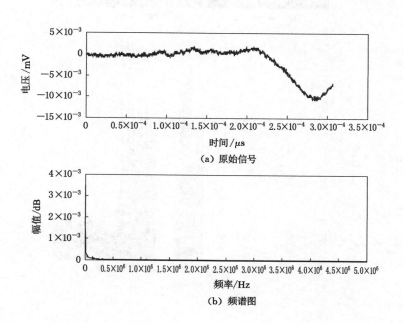

（a）原始信号

（b）频谱图

图 6-25 其他干扰信号频谱 2(71640)

6.4.2 揭露冻结管的小爆破信号

上次爆破后,冻结管外侧留有约500 mm厚围岩,此次采用少量炸药进行小爆破出矸。实施爆破后,冻结管被揭露出来。爆破信号被声发射监测系统所采集,现分析其信号特征(图6-26至图6-33)。

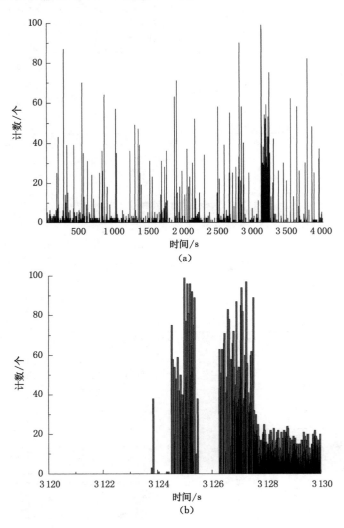

图 6-26　小爆破前、后的声发射计数(整个过程及局部放大)

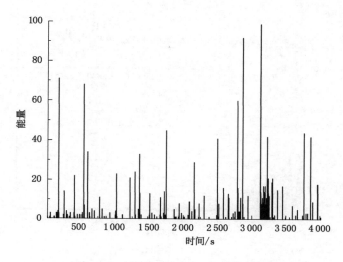

图 6-27　小爆破前、后的声发射能量计数

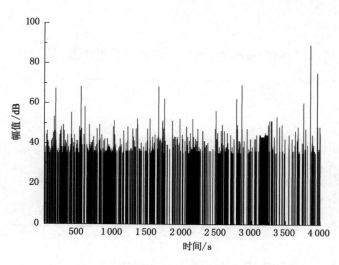

图 6-28　小爆破前、后的声发射幅值

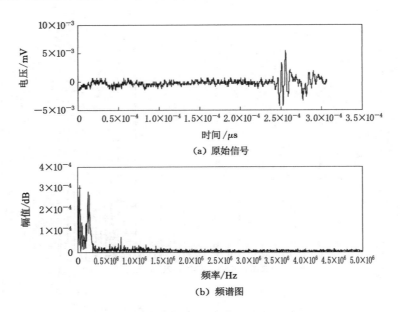

图 6-29　小爆破前干扰信号的频谱 1

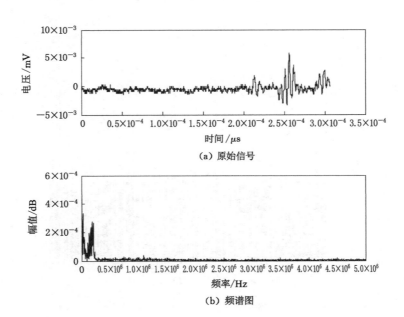

图 6-30　小爆破前干扰信号的频谱 2

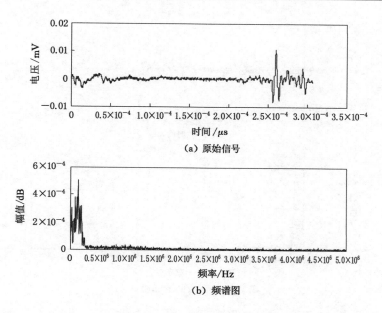

（a）原始信号

（b）频谱图

图 6-31　爆破信号的频谱 1

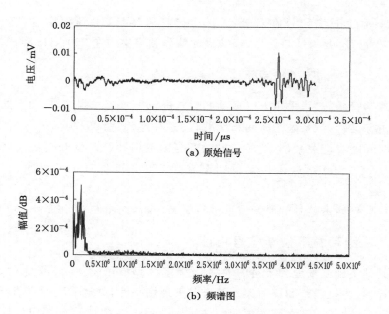

（a）原始信号

（b）频谱图

图 6-32　爆破信号的频谱 2

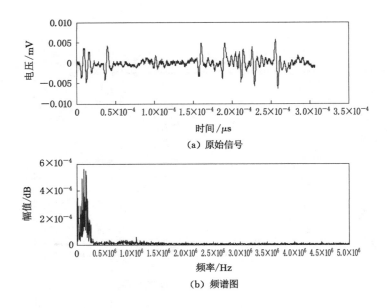

图 6-33　爆破信号的频谱 3

爆破前的干扰信号在频谱图上具有双峰特征,主频集中在 150 Hz 和 250 Hz 附近,主要为低频信号,爆破振动信号频率集中在 200 kHz 附近。

6.4.3　风镐振动信号特征

在冻结管暴露后,采用人工振动的方式进行了声信号测试,振动方式为采用风镐敲击冻结管,记录敲击时间和次数,同时在地面冻结管头部进行信号采集。通过与时间的对应关系,分析敲击振动信号的频谱特征。从开机记录到测试结束共持续约 3 500 s,敲击振动的时刻在 1 260 s 和 2 378 s 附近(图 6-34 至图 6-38)。

选取典型撞击信号的原始波形进行频谱分析,如图 6-39 和图 6-40 所示。

6.4.4　冻结管井下拉断信号特征

受到井下施工场地和工具的限制,不具备大型液压设备的安装条件,为此准备了千斤顶、手拉葫芦和反力架。结合井下现场条件,决定采用手拉葫芦施加拉伸荷载,手拉葫芦固定在前方岩壁的锚索上。提前在冻结管下部切口释放残留盐水,放空盐水后进行试验。由于手拉葫芦加载能力有限,井下冻结管断裂试验进行了 3 个方案的尝试,加载过程如图 6-41 所示。

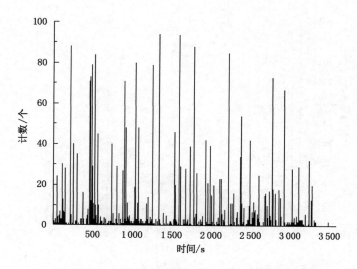

图 6-34　振动测试过程中声发射计数特征

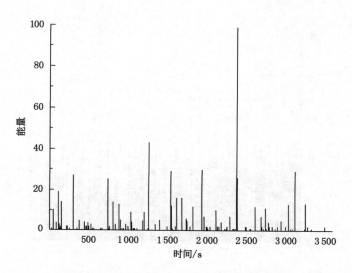

图 6-35　振动测试过程中声发射能量特征

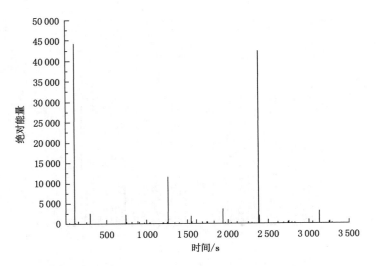

图 6-36　振动测试过程中声发射绝对能量特征

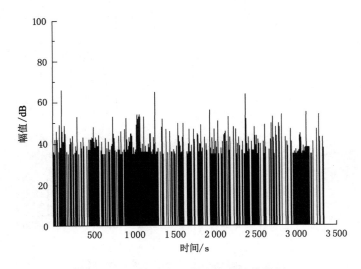

图 6-37　振动测试过程中声发射幅值特征

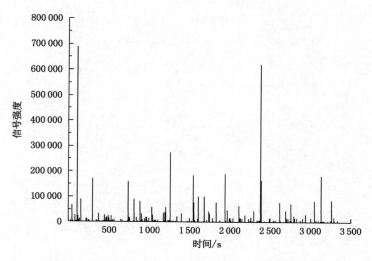

图 6-38　振动测试过程中声发射信号强度特征

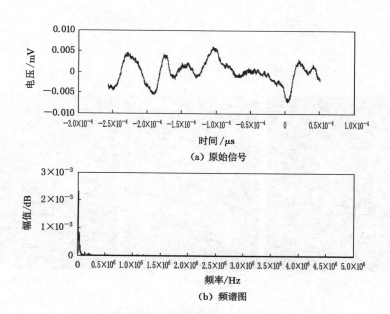

（a）原始信号

（b）频谱图

图 6-39　第 1 次敲击信号频谱特征（10549）

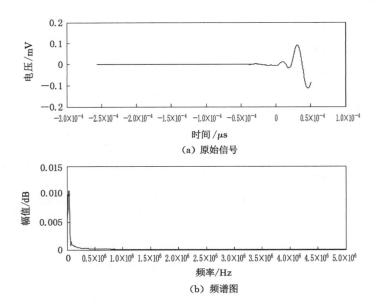

（a）原始信号

（b）频谱图

图 6-40 第 2 次敲击信号频谱特征（12543）

（a）暴露的冻结管   （b）试拉   （c）锚索提供反力

图 6-41 井下冻结管断裂过程

(d) 预割缝　　　　　　　(e) 受拉侧割缝　　　　　　(f) 割缝后试拉

(g) 解除下端约束并预割缝　　(h) 受拉产生新裂缝　　　　(i) 新裂纹扩展

图 6-41(续)

　　方案 1：直接用手拉葫芦拉伸冻结管，相当于冻结管承受两端约束条件下的弯拉荷载，冻结管只产生较小的变形，无明显声发射信号。

　　方案 2：在冻结管受拉一侧进行割缝处理，割缝宽度为冻结管周长的 1/2，冻结管的受力方式与方案 1 相同。由于受到手拉葫芦的加载能力的限制，冻结管仍然只产生了较小的变形，预割裂缝并未产生新的扩展，无明显声发射信号产生。

　　方案 3：解除冻结管的下部约束，即完全割除下部的一段冻结管，针对上部悬臂端作预割缝处理，并进行弯拉加载。经加载，裂缝扩展，产生新的断裂切口，地面检测到了声发射信号。

　　试验结果如图 6-42 至图 6-72 所示。

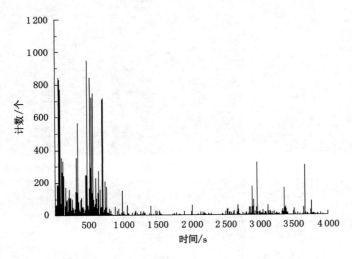

图 6-42　测试过程声发射计数特征

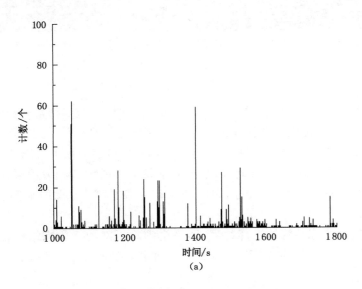

(a)

图 6-43　测试过程声发射计数特征

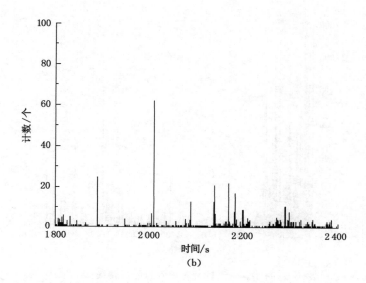

(b)

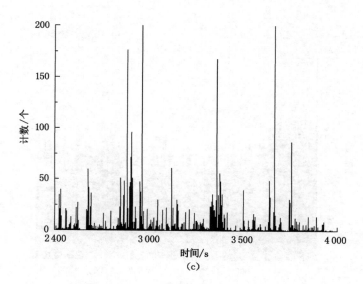

(c)

图 6-43(续)

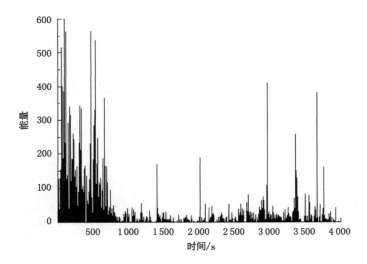

图 6-44　测试过程声发射能量特征

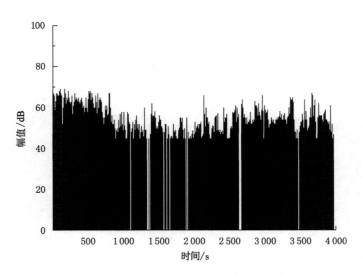

图 6-45　测试过程声发射幅值特征

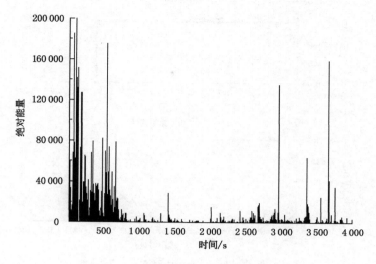

图 6-46　测试过程声发射绝对能量特征

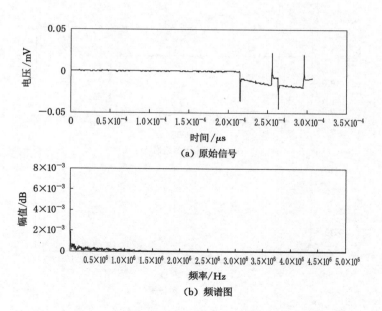

（a）原始信号

（b）频谱图

图 6-47　频谱特征（32070）

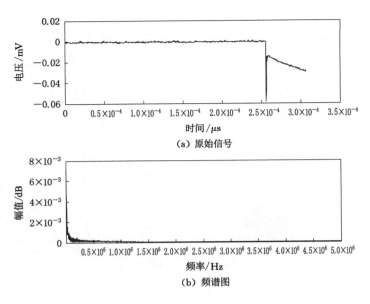

（a）原始信号

（b）频谱图

图 6-48　频谱特征（33813）

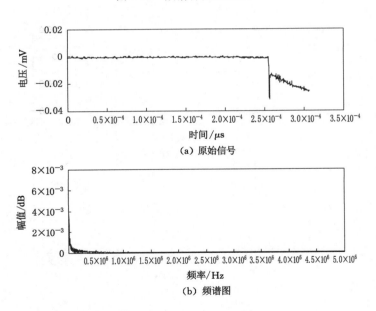

（a）原始信号

（b）频谱图

图 6-49　频谱特征（34278）

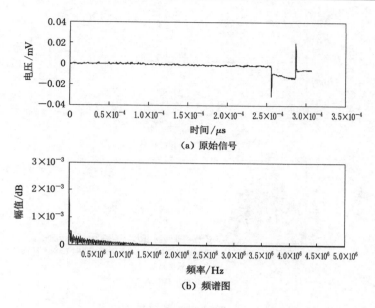

（a）原始信号

（b）频谱图

图 6-50　频谱特征（34820）

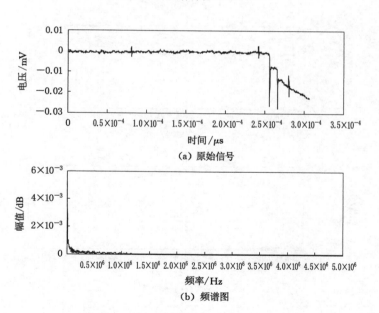

（a）原始信号

（b）频谱图

图 6-51　频谱特征（35199）

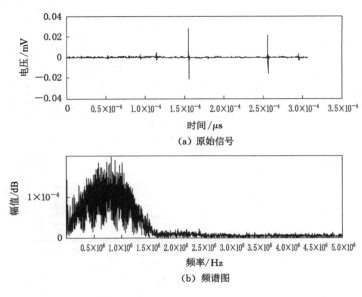

图 6-52 频谱特征(40727)

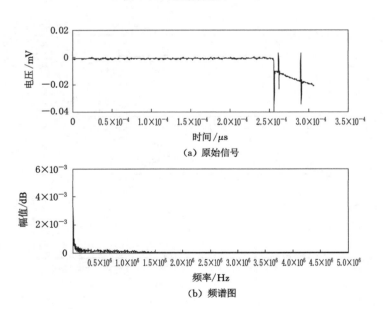

图 6-53 频谱特征(50582)

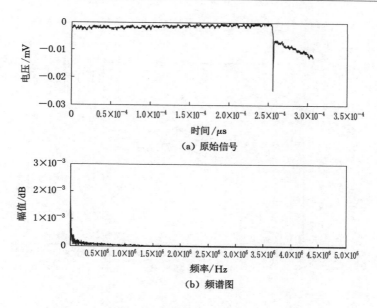

（a）原始信号

（b）频谱图

图 6-54 频谱特征（52248）

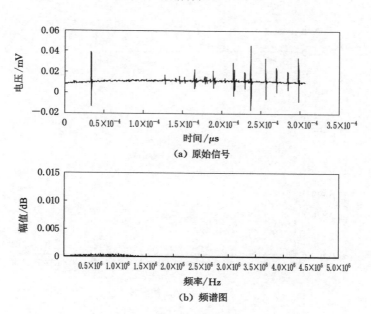

（a）原始信号

（b）频谱图

图 6-55 频谱特征（57993）

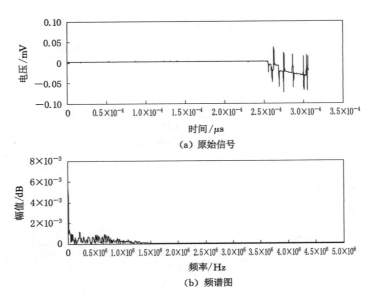

图 6-56　频谱特征(60858)

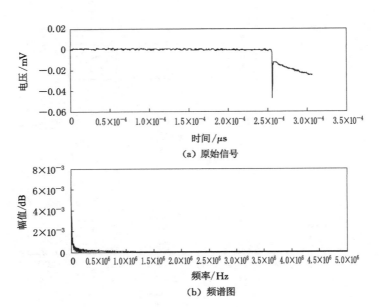

图 6-57　频谱特征(61613)

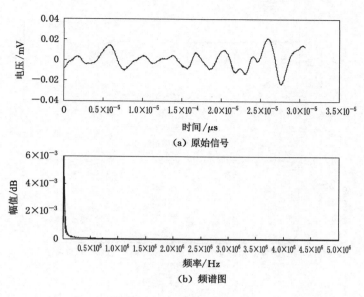

图 6-58 频谱特征(700)

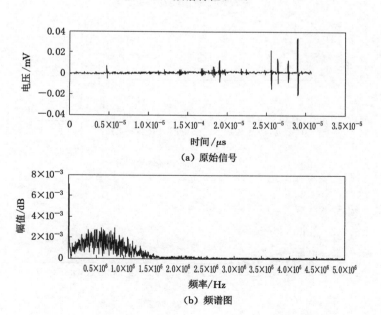

图 6-59 频谱特征(2679)

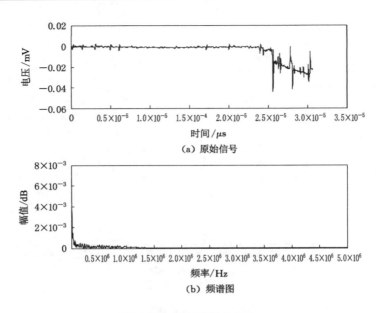

图 6-60　频谱特征（3692）

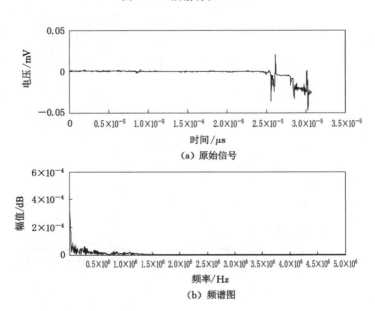

图 6-61　频谱特征（3890）

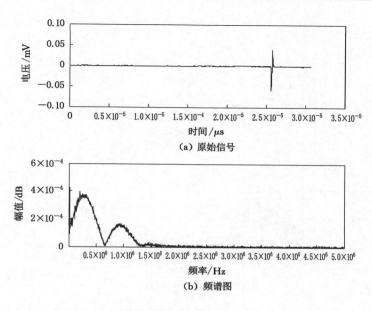

图 6-62　频谱特征(4168)

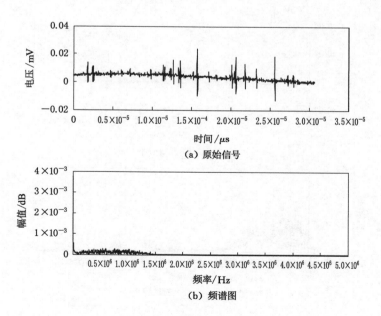

图 6-63　频谱特征(4172)

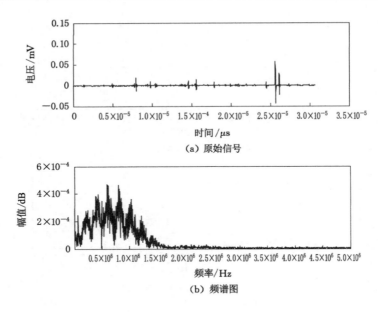

图 6-64　频谱特征(4173)

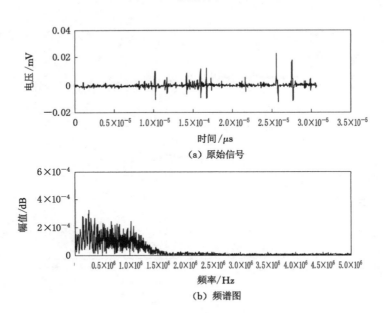

图 6-65　频谱特征(4177)

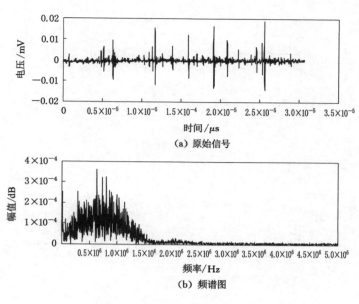

（a）原始信号

（b）频谱图

图 6-66　频谱特征（4180）

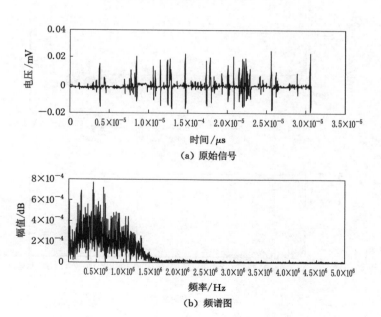

（a）原始信号

（b）频谱图

图 6-67　频谱特征（5231）

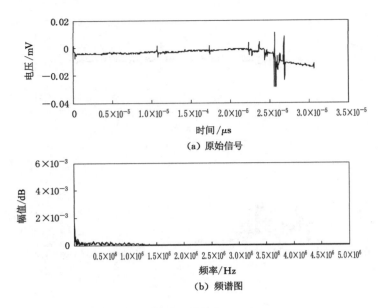

（a）原始信号

（b）频谱图

图 6-68　频谱特征（5640）

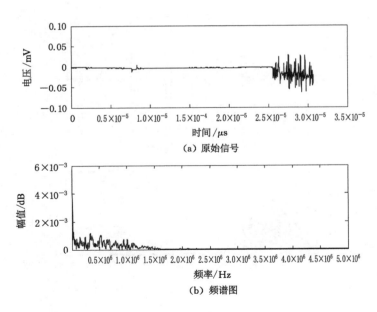

（a）原始信号

（b）频谱图

图 6-69　频谱特征（6011）

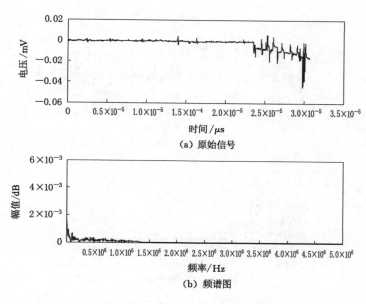

（a）原始信号

（b）频谱图

图 6-70　频谱特征（6097）

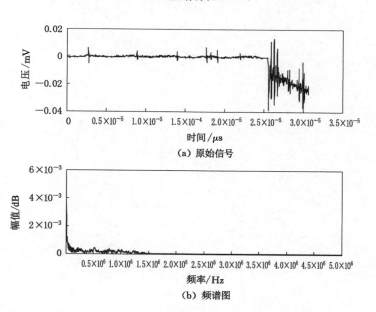

（a）原始信号

（b）频谱图

图 6-71　频谱特征（6362）

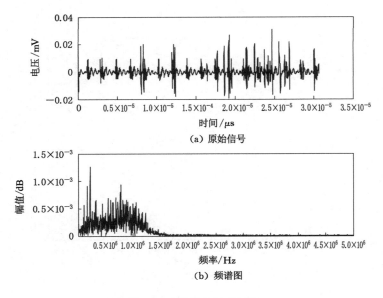

(a) 原始信号

(b) 频谱图

图 6-72　频谱特征(6824)

7 结 论

通过建立冻结管及接头受载力学试验系统，模拟不同工况下的冻结管受力条件，获得了低温条件下冻结管力学性能及冻结管受载过程中的声发射信号特征。建立了基于声发射技术的冻结管断裂监测预警系统与方法，形成了低温、脆性冻结管在变形、破坏过程中声发射信号的频谱特征及其随力学过程的变化趋势的分析技术和基于声发射频谱特征与力学特征耦合的冻结管破裂临界状态的识别系统和方法。

（1）有内衬管箍的条件下冻结管接头可以承受较高的荷载，并且具有较大的承载变形能力。接头所能承受的极限荷载接近管材的抗拉极限，最大变形量超过 120 mm。随着冻结管所承受荷载的不断增大，冻结管的挠度越来越大，同时接头和冻结管之间协调变形能力越来越弱，当荷载最终超过接头强度时，接头断裂。

（2）常温和低温条件下，冻结管的外荷载与相应挠度为非线性关系，其他条件基本相同时，随着温度的降低，冻结管的挠度减小，变形能力降低。低温条件下，随着温度的降低，对接管接头焊缝的抗拉强度和屈服强度呈现增大趋势。

（3）盐水流动信号为连续声发射信号，从原始波形上能够明显区别于突发信号的形态。经傅立叶变换进行频谱分析，其频率成分集中在 19.53～48.83 kHz。

（4）冻结管受载拉伸过程的弹性阶段，应变随着拉应力的增大而线性增大，期间产生了明显的声发射信号，振铃计数和能量明显增大，累计振铃计数也表现出随着应变的增大而线性增大的特性。声发射信号幅值变化范围较大，主要集中在 100～700 dB。

（5）冻结管塑性变形阶段，没有突发的声发射信号产生，大多数为连续信号。随着压力的不断增大，挠度也不断增大，最大挠度达到 138.9 mm，远大于普通冻结管的挠度值。内衬箍＋坡口对焊的冻结管连接形式大幅度提高了冻结管的变形能力。塑性变形阶段，声发射振铃计数和能量表现为相对平静状态，累计振铃计数和累计能量曲线斜率变小甚至区域平缓，幅值降低至 120 dB 以下。

（6）冻结管断裂声发射主频信号幅值主要集中在 50～90 dB 和 160 dB 附

近,集中荷载使其上部产生了拉应力。冻结管断裂前声发射累计计数和累计能量表现为一种线性增长模式,断裂信号幅值最大值为 220 dB。

（7）爆破震动信号具有突发信号的特征,主要表现在爆破瞬间能量、计数、持续时间、上升时间都表现出了明显的声发射信号突增的特点,且增长幅度较大。不同位置处的爆破信号的频率明显变化,近距离的爆破震动声发射信号的峰值频率约为 42 kHz。随着爆破距离的增大,频率出现衰减趋势,低频峰值频率集中在 3.26 kHz 左右。

参 考 文 献

[1] 谢和平,王金华,申宝宏,等.煤炭开采新理念:科学开采与科学产能[J].煤炭学报,2012,37(7):1069-1079.

[2] 姜耀东,潘一山,姜福兴,等.我国煤炭开采中的冲击地压机理和防治[J].煤炭学报,2014,39(2):205-213.

[3] 李金华,王衍森,李大海,等.开挖前多圈管冻结时冻结管受力变形的模拟试验研究[J].岩土工程学报,2011,33(7):1072-1077.

[4] 陈朝晖.冻结凿井技术研究进展与存在的问题[J].建井技术,2007,28(3):28-31.

[5] 万德连,马英明.用冻结壁最大位移预测冻结管断裂方法的探讨[J].中国矿业大学学报,1990,19(1):56-64.

[6] 防冻结管断裂科研组.冻结管的(低温与室温下)物理力学性能测试[J].淮南矿业学院学报,1986,6(2):27-48.

[7] 陈文豹.深井冻结管断裂问题[J].煤炭科学技术,1984,12(8):14-17.

[8] 杨维好,黄家会.冻结管受力分析与试验研究[J].冰川冻土,1999,21(1):33-38.

[9] 崔广心,杨维好.冻结管受力的模拟试验研究[J].中国矿业大学学报,1990,19(2):60-68.

[10] 施海波.立井巨厚粘土层施工冻结管防断技术分析[J].硅谷,2013,6(5):79-80.

[11] 杨维好,杜子博,杨志江,等.基于与围岩相互作用的冻结壁塑性设计理论[J].岩土工程学报,2013,35(10):1857-1862.

[12] 杨维好,杨志江,柏东良.基于与围岩相互作用的冻结壁弹塑性设计理论[J].岩土工程学报,2013,35(1):175-180.

[13] 赵晓东,周国庆.温度梯度冻土蠕变变形规律和非均质特征[J].岩土工程学报,2014,36(2):390-394.

[14] 阴琪翔,周国庆,赵晓东,等.双向冻结单向融化土冻融循环下的融沉及压缩特性[J].中国矿业大学学报,2015,44(3):437-443.

[15] 徐志伟,邵鹏,商翔宇,等.深厚表土地压误差对冻结壁厚度设计的影响[J].中国矿业大学学报,2014,43(4):606-611.

[16] 王涛,岳丰田,姜耀东,等.井筒冻结壁强制解冻技术的研究与实践[J].煤炭学报,2010,35(6):918-922.

[17] 张维廉,胡向东,王义海,等.冻结管断裂微机报警系统的研究[J].中国矿业大学学报,1989,18(3):46-53.

[18] 陆卫国,沈华军,赵玄栋.深厚冲积层冻结管断裂机理分析[J].安徽建筑工业学院学报(自然科学版),2010,18(2):6-10.

[19] 陈明华,庞荣庆.深冻结井筒施工中几种常见事故的分析[J].建井技术,1981,2(4):45-48.

[20] 马芹永.冻土爆破冻结管受力计算[J].煤炭科学技术,1995,23(12):22-25.

[21] 姜玉松,郁楚侯.爆破对冻结管影响的模型试验设计及数据处理[J].淮南矿业学院学报,1995,15(4):28-33.

[22] 王正廷,伍期建.冻结管断裂与材质及接头强度的关系[J].建井技术,1992,13(6):15-18.

[23] 吴相宪,林世俊.冻结管柔性接头的研究[J].中国矿业大学学报,1992,21(1):51-56.

[24] 王正廷,孙勇.新型内衬管对焊接头低碳钢冻结管的研究与应用[J].建井技术,2007,28(3):22-23.

[25] 郭瑞平,李广信.冻结壁位移对冻结管断裂的影响[J].淮南矿业学院学报,1997,17(3):22-26.

[26] 周晓敏.冻结管在冻结壁变形段内的受力计算[J].煤炭学报,1996,21(1):30-34.

[27] 经来旺,程三友,郭奕娣.冻结管断裂位置的确定[J].西安科技学院学报,2000,20(2):113-116.

[28] 经来旺,高全臣,杨仁树.冻结管断裂应力分析及断裂位置的确定[J].矿冶工程,2004,24(4):9-13.

[29] 张吉兆.冻结管常温和低温力学性能试验研究[J].煤炭技术,2008,27(12):102-103.

[30] 黎明镜,荣传新.内衬管长度与冻结管的极限承载力关系研究[J].安徽理工大学学报(自然科学版),2010,30(1):30-34.

[31] 蒋国祥,赵治泉.对冻结井断管原因的认识[J].煤炭科学技术,1985,13(4):2-4.

[32] 王明恕. 也谈冻结管为什么会变形:与"对冻结井筒断管原因的认识"作者商榷[J]. 煤炭科学技术,1985,13(11):49-50.

[33] 张维廉,胡向东,王义海,等. 获取冻结管断裂信号试验方法的研究[J]. 中国矿业大学学报,1990,19(3):76-80.

[34] 应崇福. 超声学[M]. 北京:科学出版社,1990.

[36] 耿荣生. 声发射技术发展现状:学会成立 20 周年回顾[J]. 无损检测,1998,20(6):151-154.

[37] 杨瑞峰,马铁华. 声发射技术研究及应用进展[J]. 中北大学学报(自然科学版),2006,27(5):456-461.

[38] 秦四清,李造鼎,张倬元,等. 岩石声发射技术概论[M]. 成都:西南交通大学出版社,1993.

[39] 雷志鹏,殷志忠,孙占远,等. 液氨储罐的声发射在线检测[J]. 中国特种设备安全,2013,29(2):39-40.

[40] 张涛,曾周末,李一博,等. 基于声发射的真空泄漏在线检测技术研究[J]. 振动与冲击,2013,32(24):164-168.

[41] 关卫和,沈纯厚,陶元宏,等. 大型立式储罐在线声发射检测与安全性评估[J]. 压力容器,2005,22(1):40-44.

[42] 徐彦廷,戴光,张宝琪. 16MnR 钢制拉伸试样在常、高温下的声发射特性试验研究[J]. 大庆石油学院学报,1995,19(2):75-78.

[43] DAHMANI L,KHENANE A,KACI S. Behavior of the reinforced concrete at cryogenic temperatures[J]. Cryogenics,2007,47(9/10):517-525.

[44] PARK W S,YOO S W,KIM M H,et al. Strain-rate effects on the mechanical behavior of the AISI 300 series of austenitic stainless steel under cryogenic environments[J]. Materials & design,2010,31(8):3630-3640.

[45] 王元清,王晓哲,武延民. 结构钢材低温下主要力学性能指标的试验研究[J]. 工业建筑,2001,31(12):63-65.

[46] 王元清,武延民,石永久,等. 低温对结构钢材主要力学性能影响的试验研究[J]. 铁道科学与工程学报,2005,2(1):1-4.

[47] 武延民,王元清,石永久,等. 低温对结构钢材断裂韧度 JIC 影响的试验研究[J]. 铁道科学与工程学报,2005,2(1):10-13.

[48] 刘爽,顾祥林,黄庆华. 超低温下钢筋力学性能的试验研究[J]. 建筑结构学报,2008,29(S1):47-51.

[49] 刘爽,顾祥林,黄庆华,等. 超低温下钢筋单轴受拉时的应力-应变关系[J]. 同济大学学报(自然科学版),2010,38(7):954-960.

[50] 龙飞飞,王琼,宋阳,等.基于K均值聚类对Q345R钢低温拉伸的声发射信号分析[J].无损检测,2013,35(9):23-25.

[51] 柏明清,朱晏萱,陶大军,等.16MnR试样低温拉伸过程声发射特性分析[J].石油化工设备,2011,40(1):14-17.

[52] 肖晖.利用声发射技术监测低温环境下轴承钢的损伤[J].轴承,2003(1):42-44.

[53] 孙国豪.常用金属材料拉伸及疲劳裂纹声信号传播特性[D].上海:华东理工大学,2013.

[54] 徐元恭,吴宏,张晓华,等.用声发射方法研究重轨钢的断裂韧性和疲芳特性[J].四川冶金,1985,7(2):83-87.

[55] 冯春杰.16MnR钢高温环境下拉伸过程声发射信号研究[D].上海:华东理工大学,2011.

[56] 张昌稳,叶辉,李强,等.不同缺陷Q345钢试样拉伸试验的声发射特征[J].石油化工设备,2013,42(4):5-9.

[57] 王仲生,何红,陈钱.小波分析在发动机早期故障识别中的应用研究[J].西北工业大学学报,2006,24(1):68-71.

[58] 步贤政,单平,罗震,等.基于独立分量分析的点焊特征声音信号提取[J].焊接学报,2009,30(2):41-44.